U0234651

建筑师
The Architect

致冷漠建筑的告别书

弥漫空间

空间 SUFFUSED

SPACE

魏娜　著

中国建筑工业出版社

WEI 北京办公室，2018

序

马岩松

2003 年我与魏娜在耶鲁大学的扎哈·哈迪德 Studio 相识。这几年她的作品受到越来越多的关注和肯定，一以贯之的是对"弥漫空间"的摸索和坚持。她总是谦虚地说"弥漫空间"只是一些思考或是理念，而不能称之为理论。如今她将自己的思考组稿成书，实属难得。在这个快速的、商业化的时代里，大多建筑师理解建筑都是理性主导，都在强调建筑如何好用，可她偏偏是感性的，也是具备饱满情感的，这在建筑界是很少见的。

最近我有一些很深的感触。在全球化到来之前，建筑师个人的情感价值、历史观以及想表达的东西是被建筑界非常看重的，并被看成建筑学的核心。当时人们会把建筑师跟艺术家、音乐家、哲学家相提并论。那时更关注的并非时代，而是个人的痕迹。建筑师具有英雄主义的气质，但随着全球化的到来，建筑师的这种身份越来越弱。在此之前，扎哈·哈迪德等人以小团体的方式提出解构主义。这帮人说到底就是一帮"朋克"、反主流的人。他们最大的价值就是用个性打破商业化。这个团体首先被 1988 年的MOMA 展推向大众，然后得到普利兹克奖的肯定，在获得话语权后形成了一种非常强的新思潮。他们各自的风格在商业上给他们带来了巨大的成功，但也造成了他们个人的痕迹越来越弱。因为个人的东西成为商业标签之后就不再属于个人。如扎哈·哈迪德去世后，贴着她标签的作品利用其之前的风格重新出现。这也说明，当今时代个人化、情感化与商业对抗的力量越来越弱。

今天所谓"成功"的建筑师基本上都没什么个性，或者有点小个性，只能与商业世界里有点小个性的人对上话而已。事务所在投标和方案汇报时，基本都在讲建筑如何为功能服务，如何跟城市互动等废话。而属于刚刚出现扎哈·哈迪德、弗兰克·盖里、约翰·伍重的那个时代，那个全世界能接受那种建筑的时代，已经不复存在。原本建筑学最核心的价值开始从属于政治、商业和其他更强大的东西。全球化之后商业公司本身都被改变，有个性的商业公司太少了，以前的家族公司、品牌核心等都越来越少。

现在的建筑师大多是从属于政治与社会的，文化界讨论的问题也都是"去精英化"。设想当下的时代再过一百年，如果大家都千篇一律地强调建筑如何好用，如何跟城市互动，会是怎样一番可怕的景象。建筑肯定需要探讨这些，因为建筑跟人、空间和功能密切有关。但更重要的是，建筑是文化的记载。这个时代存在什么样的人，存在什么样的思想，得记录在建筑里。

如果不能诚实地记录这个，这个时代就会缺失，以建筑形式表现出的思想就会消失。在其他领域，电影、音乐、文学可以记录时代。它们代表了这个时代人的反思及对未来的想法。但在建筑领域，现在回头来看还是扎哈·哈迪德、弗兰克·盖里、雷姆·库哈斯他们那一代。他们那种可以通向艺术、文化的建筑如今寥寥无几，对于建筑师成功的衡量标准也与过去不可同日而语。

与此不同的是，魏娜的思想属于"精英化"，她要强调"我"。在这个时代强调"我"的人首先是非常可贵的，是有强大的历史使命的。正如今天回头看梵高等人。如果没有这些人，美术史就不存在了，建筑也是。所以魏娜这样的建筑师是值得我们来推崇的。同时她也肩负着更大的使命。她首先要更加真实而有力量地表现出她自己强大的内心。而她强大的内心坚守不一定要特别渴望和别人交流。她有她的精神世界，她让她的建筑忠于了她的精神世界，这已经是最大的成功。

在每个个体面前，这个世界作为非常强大的一个组织、体系，是非常傲慢、难以交流的。现实情况往往是，你在中国排名前五十位的地产商面前介绍自己的建筑想法和意境，渴望让他们去听你的，却收效甚微。试图去交流，反而可能会影响到自己对内心的关注。与其这样，不如先专注于自己，做到忠于自己，也是忠于建筑。时间和你的强大会产生一种力量。在这个时代，必须有这样的角色——不论世事变迁，始终把建筑当成艺术、文化、情感的记录。忠于自己，可能会震撼这个世界，震撼这些麻木的人。这是另外一种交流的姿态。

很多伟大的有思想的人，不论是艺术家还是思想家，他们都很个人，却影响了大的时代。一个可能需要点时间，一个是他精神的强大。怎么去交流倒是次要的，首先要有一个真正强大的东西。很多艺术家的作品不被人理解，但人们却不敢说，这就是艺术的力量。它让你迷惑，质疑自己，建筑也是。在建筑的世界里，建筑师用来表达自己的语言，并非只有文字。很多传统的、商业服务的建筑师，总想解释自己的建筑怎么好，怎么合理。他们的建筑本身也确实合理，因为它没有精神上的追求。如果有的话，就会有无法用语言来表达、说服别人的东西。当时饱受争议的悉尼歌剧院，如今被这么多人喜欢、参观，成为一个地方的标志，它诞生的故事也成为一个传奇。这个建筑有自己的故事，可以记录一个人的情感。建筑师以他的个性、他的行为和个人的思考来记录这个时代。

安东尼奥·高迪也有很多这样的故事，这是一种挺厉害也挺直接的办法。

我觉得魏娜就是魏娜，魏娜的建筑应该表达出很个人的东西。她把建筑当作她的语言，并用建筑表达一个属于她的、强大的情感精神世界，这点特别可贵。之前我也批评一些现代主流的、商业的建筑师，包括以前曾经先锋，现在也"堕落"了的建筑师。基本上大家都不谈个人了。其实整个建筑的发生过程就是一个情感活动。为什么建筑要从这儿演变到那儿？为什么这样想？它最终还是由人来创造的。也只有强调个人，才会有建筑。

我认为建筑师首先要关注自己，尤其在未来，在这个商业化强大的时代过去之后，建筑还是要回归到情感和个人。

在当今时代，我们每个人都身处在隐形的洪流中。我们随着洪流不可抗拒的力量，飞快地向前冲，却很少有人真正知道我们前进的方向。即便有些人发出质疑，洪流的力量可以迅速扑灭这些零星的水花。

然而，在历史的长河中，总会有那么一些人不愿随波逐流。他们将自己的思考汇聚起来，共同探讨、相互支持。一支分流也许无法改变洪流的方向，但却可以为洪流中的人带来启发。他们带给了我勇气。

作为一名建筑师，我一直在思考建筑和人的关系。

现代社会的绝大多数人，一生的时间里，有90%以上都是在建筑环境里度过的。建筑和人之间有着最亲密也最直接的关系。

建筑，除了它最原始的为人类挡风遮雨的功能外，其实时时刻刻都在影响着我们的情绪，并潜移默化地改变人与自然的关系。从过去的"凿户牖以为室"，到现在的国际风格城市化，再到未来的物理和虚拟世界并存，人类不断地在改造自己周边的环境。同时，为了适应自己改造的环境而不断改变自己。

在这个不断演变的过程中，建筑应该起到什么样的作用？建筑本质到底是什么？它与物质的关系，与精神的关系，又应该发生怎样的变化？

很长一段时间里，我曾非常困惑。

在建筑行业耳濡目染二十多年间，我见到了建筑领域中很多变化。新的科学技术、新型的材料、更有效的建造方式，层出不穷。随之而来的，更有基于这些新工具延展出来的各种建构理念。在了解自然从而征服自然的思维模式下，人类似乎已经变得越来越强大。从把建筑当作"庇护所""居住的机器"，到今天随处可见的"无敌海景房"和此起彼伏的某某地区"最高楼"，建筑像是人类征服自然过程中阶段性成就的奖杯。

然而，当我们去思考那些真正生活在这些建造环境中的人的时候，我们却发现，这种用"上帝视角"将自己高高置上的建造方式是多么愚蠢。建筑不是简单的物理构筑物，建筑承载了我们每个人的生活。人类在建造建筑环境的同时，建筑环境也塑造着人类的生活。而作为人，我们在生存繁衍之外，对精神情感的需求体现了我们生活的意义。建筑应该满足人类精神情感的需求，而伟大的建筑应该体现对生命的意识，激发对生命的感悟。

"弥漫空间"是我经历了几年时间，在困惑中不断思考后作出的一个回应。这个词出自一组对比词"enclosed vs. suffused"，分别对应了两种设计思维下的空间与人的关系。

建筑空间常常被形容是"enclosed"（围合）的空间，假设在用构筑物围合出空间，那么"空间"这个词的构成也是基于这样一个假设。人们被物质所围绕，围绕人们的物质成就了形状。在建筑行业，对建筑的理解长久以来一直将关注点放在围合空间的物质体。各种建筑学探讨也是基于建筑是构筑"围合空间"的潜台词。相对于"enclosed"，我所认为理想的空间状态则是"suffused" – "弥漫"。人与空间的关系也不是被动的，而是时时刻刻可以交流的、互成一体的状态。设计关注的是人与物质共同组成的场景。通过设计一系列人的经历和体验，从而建立建筑空间与人在情感上的联系。

在这些年里，我一直不断尝试将"弥漫空间"的理念整理成文字，期望能通过文字这个工具帮助自己推进思考。同时也让更多的人能够参与到这个话题里，进而能相互启发。在和越来越多的人交流过程中，我发现；很多我原先以为非常自我的经历，以及从而形成的对建筑的感受似乎不是偶然的，也不仅仅属于我个人。很多人在和我的交流过程中，都找到了似曾相识的感受。我由此产生了把设计"弥漫空间"的方法总结出来的想法。

2013 年，我开始在中央美术学院教建筑设计课。在这之后，我又受邀在清华大学，美国耶鲁大学、纽约雪城大学、辛辛那提大学等多个学校的建筑学院为学生授课及讲座。在不断和学生教与学的互动过程中，我也有了机会不断地对自己二十多年设计实践所产生的设计过程进行进一步的探索和解析。这些设计过程，有一些是有意为之，但更多是当时的一种无意识的产物。为了解决学生遇到的各种困惑，我不断在各个学科领域寻找能够帮助学生理解和实践的知识和方法，将复杂和混沌的设计过程进行分步和任务拆解。目的是让学生能克服方法式的惯性思维，体会一种感性设计的思维方式。我把这种思维方式归纳为"情感设计"（Emotive Design）。

和通常的设计理论方法不同的是，"情感设计"不是在教一个进行设计的方法。它是一个过程，一个训练方法，一种思维方式，一个一步步带领设计师培养感性思维设计的过程。通过这个过程，设计师有意识地去体会感性设计的思维方式，最终通过自己的感悟形成自己的设计思维。

因为任何事情的发生都有其发生的语境，我相信置身于发生的场景可以帮助人与人之间更好的理解。因此，讲述"我"在成为"现在的我"的过程中的经历，成为谈论弥漫空间发生的语境。本书的第一部分，我通过讲述"我"的设计理念的成形过程，阐述"弥漫空间"的缘起。第二部分，则是相对系统地讲述如何通过"情感设计"的思维方式去设计"弥漫空间"。书的最后是 WEI 建筑设计事务所过去十年里，思想与实践不断迭代的发展过程中完成的几个建筑实践项目。这三个部分可以连贯地按顺序阅读，也可以直接从任何一章开始阅读。

在写书的过程中，我得到了很多前辈和好友的帮助和支持。特别是艺术家包泡老师、建筑评论家王明贤老师、建筑师马岩松和美国雪城大学建筑学院院长 Michael Speaks 和王飞老师。没有他们的鼓励我恐怕是很难有这样的勇气将我的这些思考落字为书。我非常感谢中国建筑工业出版社《建筑师》杂志副主编李鸽，在看到我的初稿后就坚定地决定为书出版，并在这之后，耐心地等了我一年的时间，等待我一遍又一遍反反复复地修改。

这本书的成形离不开 WEI 建筑设计事务所历届的同事们。感谢他们对我的信任。在过去的十年时间里，我们共同经历了很多艰难和困苦，作为一个整体，我们从没有放弃信念，坚持不断地奋斗并坚强地成长。

我非常感谢我的学生们。在短短的几年里，我已经有了来自全国乃至全世界各地几百位学生，更有几万人听过我的线上课程。不断的反馈让这本书内容逐渐丰满，很多感人的留言和来信给了我更多信念。

我也感谢每一位阅读此书的读者。希望有更多的人能够参与一起探讨建筑和人类情感的关系。也更希望有设计师或者希望成为设计师的朋友们，能够从我的书中得到一些启发，能够设计出更多感人的作品。

2018 年 11 月 2 日

目录

序

自序

1

思考
/ 我的师承

问：中国的传统园林对你的设计有什么样的影响？

答：中国园林能够用极小的空间创造出一个时空迷离的世界。这个世界既像是相对论里描述的时空扭曲，又像是陶渊明创作的"桃花源"。一进，一出，让人恍若隔世。这种通过场景营造来把握个人感知经历的手法对我的设计启发非常大。而中国传统思想中这种时空一体的概念也深刻地体现在我的设计思维中。

『念念不忘的那次园林之旅，是我的第一次时空之旅。让我第一次认识到空间设计的魅力，也感受到了建筑对人的影响。』

我的"第一幕"

空间:

走进中国园林······

最早接触设计应该算是在四岁的时候。那时我们刚搬家，家里请了木工师傅来打制家具，我总喜欢围在旁边看他们工作。有一天我画了一个自己想象中的组合家具柜，我的父母就让工人师傅按照我的画做了实物。这之后，这个占据了一整面墙的组合家具柜陪伴了我们20多年。现在回想起来我父母这个举动是多么的不可思议。这个非同一般的鼓励，对我的成长产生了很多影响。这也是我第一次感受了从想象到现实，从二维图纸到三维实体的过程。

很感激父母对我一直以来的支持。正是他们毫无保留的支持和鼓励才使我理想的实现成为可能。

初中毕业的暑假，父母带我去了江南。在镇江、苏州、杭州和上海，我们游览了各种不同的中国传统园林。我被那些园子深深地吸引。每一个园子就如同一个世界，在游历的过程中可以产生丰富的体验和感受。旅行的最后一站是上海的豫园。我们在园子里逛了好久。出来的时候才知道，豫园其实是一个特别小的园子。当时那种感受的反差带给我的震撼至今记忆犹新。一个好的空间不单单是一种物理空间，而是把第四维的时间融入三维的空间里面，带给人的是一种体验、一场丰富的经历。

那次旅行对我影响非常大。中国江南园林开启了我对空间有意识的理解。现在回想起来，也是那次经历让我决心成为一名建筑师。

很多人提起中国园林，常常会讲到园子的样式和手法。然而，中国传统园林最具感染力的则是它的时空内涵。人游历在园林中最重要的不是结果，而是过程。走进中国的园林，实质上是参与一场短暂的时空之旅。我们永远不可能在某一个地方看到整个园子。每经过一步看到的就是一个场景，下一步看到的是另一个场景。这里也可能有同一个客体，但同一个客体在不同的场景里通过不同的组合方式就呈现出了一种新的意象。不是空间不能被一眼看透，而是空间感受充满了变化性。我们在一次体验中，所经历的空间不是单一的，在不同的位置感受也会不同。

中国园林不仅仅体现了中国自古形成的自然观，也承载了古人对感受性空间的诠释。

那时候的我还不能预料，在随后成长过程中，东方审美和东方文化追求的"意境"对我的设计理念产生了怎样的影响。

SongMax 女装店是 2009 年 WEI 建筑北京工作室刚刚成立时候的首个项目，是对一个非常矮小的空间的改造设计。国外一些媒体在报道这个项目时评价它的创新和未来感，而它的设计实际上是受中国园林的启发和影响。我们在

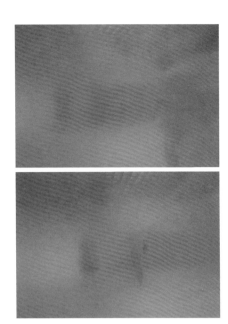

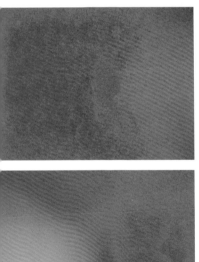

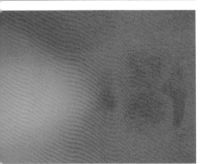

展览"感觉即真实"，2010 年
Feelings are facts，2010

一个小小的空间里，通过对经历的营造而让人忘记空间物理尺寸的局限。

而这些年里，我的设计出发点一直延续着一个思路，就是把人的感受和经历带进设计中，让所有的形式都服务于个体的精神状态，关注如何来设计人的一系列体验，如何用历时性过程把各个空间节点组织串联起来，从而融入进个人体验里。

艺术家奥拉维尔·埃利亚松（Olafur Eliasson）在 2011 年访问中国苏州的网师园和狮子林后，和几位艺术家一起出了一本书叫《相看两不厌》，希望"通过呈现一个情绪和氛围的感受性空间，而让人们可以超越一般地理、文化、政治意义上的差异，进而激发对人类今天生存空间的想象。"在解释他的短片《你的园林体现》（*Your Embodied Garden*）时，他说"苏州园林令我感兴趣的，是园林中很多的临时性空间：园林的创造，季节更替的循环，也包括游园者在曲折离奇、错综复杂的空间的走动。给我最大启发的是各种关于时间流逝的观念，它们精确地成为园林的共同制造者。"

记得 2010 年我去参加奥拉维尔·埃利亚松和马岩松在北京与尤伦斯合作的一个叫作"感觉即真实"的展览。整个空间充满了被七彩光照射的雾，空旷的地面在尽端忽然翻卷成墙。因为雾的浓重，人们的视线被限制，但彩色的光和地面的变化又

沙滩四合院改造，2013 年
Shatan Courtyard House, 2013

给人位置的提示。那段时间我正在思考个人感受与物化空间的关系。置身于彩色的光与雾中，看不到其他的人或物，感官被聚焦到自身。有人无意间走到我身边，因为我们彼此都感觉进入了个人感受领域，因此相视而笑。忽然，不远处传来儿童的欢笑声，让人感到快乐和欣慰。这种感受并不是作品作者刻意安排的，但却是设计精心营造下给予的可能。

当空间与时间相互成就的时候，建筑就创造了美妙的经历。而经历使人和空间之间建立了亲密的关系。

《LGS2018/0503》沈志民，2018 年
LGS2018/0503, Zhimin Shen, 2018

问：你在耶鲁接受到最顶级的西方建筑教育，包括师从扎哈·哈迪德，在这个过程中你对西方的现代建筑有什么特别的感受？东西方文化在你创作过程中产生什么影响？

答：从我学习建筑到现在已经 20 多年了，我们所处的建筑体制是从西方引进的，包括我在清华和耶鲁学习建筑，之后又在美国、荷兰的建筑公司工作。一方面我在接受西方逻辑思维的训练，一方面我思想深处又带着东方文化的语境。这也是我在回国前后那几年充满困惑的根源。我希望找到基于东方文化的建筑学，能够通过东方美学中的意境去引领整个建筑设计的思维方式和方法论。

「对建筑思考越多，产生的困惑也随之多了起来。建筑和个人应该是什么样的关系？人工的建筑和我们所在的自然又是怎样共处的？」

那些年：上下求索中的

在建筑学习中思辨与成长……

我在清华大学的第一节课是当时的建筑学院院长秦佑国①老师的迎新课。我记得他说："你们来清华读五年之后，会是一个很好的建筑师。因为经过一系列的训练，你们可以做好建筑设计工作。但是你是不是大师，你出生那一刻已经决定了。我们做不了什么。"这是我上的第一节建筑专业课。之后我经常会思考这一问题，我们的灵感有多少是依靠天赋。后来在我多年的教学中，很多学生在设计不出好的作品就怀疑自己天赋的时候，我就在思考，有没有一种训练方法和设计思路，可以把那些可遇不可求的"灵感"激发出来，并且有意识地捕捉到。

到现在我还会时常怀念在清华的时候由老师给一个命题，然后去完成设计的过程。完全陷入设计的思路中，全身心投入地努力画图。那种感受，特别像一个演员，完全进入角色，让角色引领着自己展开另一种生活。徐卫国②老师是我大三时候的一位老师。有一次在聊天的时候他跟大家说："你看你们平时都在外边玩，而每次我到教室都能看到魏娜在画图。这样的认真是一个建筑大师应该有的一个状态。"徐老师的话对我有很大的鼓舞作用。在我经历了这么多年的设计实践过程中，无数次的情况证明了好的设计与自我投入状态的密切关系。然而如何进入一种身心投入的状态，我却是在戏剧专业找到了启发。

清华入学不久我就参加了清华艺术团的话剧队。当时的初衷是为了克服自己从小极度害羞的自闭状态。然而在话剧队的四年时间里，我渐渐发现戏剧表演与建筑设计的感觉极为相似。无论是导演的策划、表演的投入还是舞台上演员和布景之间的动态关系，和建筑设计都有相通之处。也是在那个时候，我接触到了斯坦尼斯拉夫斯基[3]的体验派表演体系。多年后，在为了教学寻找可以为学生解惑的方法时，我再次翻出《演员的自我修养》，发现它可以让很多人产生共鸣。

大三以后我开始寻求学校以外的学习机会。那个时候张永和[4]老师已经是国内炙手可热的建筑大师了。他在清华做过一次学生自发组织的小讲座，我觉得他的设计方式特别有趣。有点像小时候"过家家"的感觉，通过想象的故事和场景来一步步设计建筑造型。那一刻我决定要做他的实习生。

成为张永和老师的实习生是一段特别有意思的经历。我骑着自行车去北大（北京大学）转，漫无目的而又机缘巧合地就转到了他的办公室门口。然后我就一直坐在门口等着他。所有的员工就说张老师不收实习生了，可我没放弃，依旧天天去等他，努力帮着做些打杂的事情。直到有一天张老师说："我们去吃饭，你一块过来吧。还有，明天来上班。"我就这样被接受了。

在那段实习期间，张老师在工作之余会在工作室内部组织小型论坛和讲座。有一次讲到"切片化思维"对我启发很大。我把它看成一种感受世界和实现建筑的方式。也就是当你顺理成章地想下一步的时候，不要理所当然地继续。在那一刻停一下，仔细想想下一步为什么就应该是这样。先聚焦于把这点分析清楚，有可能你会对"下一步"得出一个更好或者不一样的结果。我也是一直努力去这样思考的。努力抓住自己的惯性思维，并提出质疑，分析自己那一刻到底在思考什么，把时间做切片化分析。设计是一个复杂而混沌的过程，需要不断地向自己提问，一步步反思，把很多潜意识设计活动进行分析和拆解，最终整个设计作品得以实现。

清华毕业以后，我来到耶鲁大学。在耶鲁的学习经历给我最大的感触是耶鲁的包容与丰富，每个人都可以用自己的方式去设计。

在耶鲁大学的第二个学期，我选了 Tom Beeby [5] 的 Studio，设计题目是一个住宅房子（Dwelling Cell）。除了题目，没有任何其他设计要求。于是，经历了一个学期中英文思维切换的我决定作个尝试：把建筑设计等同于一种语言，就像用英文翻译中文一样，用建筑语言翻译再现《恋爱的犀牛》这部充满了情感冲突的戏剧。我从剧情中总结出一系列关键情感词汇做索引，通过找到或是设计各种可以和这些情感对应的空间形式、材料及颜色，组成了一部将情感翻译成建筑语言的字典。然后根据戏剧的剧情，如同直译一样，用一一对应的方式将各种空间重组，构成一个建筑空间。

耶鲁第二学期评图照片，2003 年
Tom Beeby Studio Critic, 2003

当我提出这个想法的时候，好几个朋友都说我疯了，老师肯定不会同意。令人感动的是，Tom Beeby 教授不但很支持我，整个学期还给了我很多有启发的建议和指导。在终期汇报的时候，我有一个巨大的模型，拿了代表一个男人和一个女人的两个纸板，像小朋友玩过家家一样，一步步给大家讲述这个故事中的人物关系、情感变化、行为举动，以及设定的联动的空间变化。整个汇报过程持续了很长时间，我完全沉醉在再现场景的想象世界里。当时很多人都笑了，觉得在一个把设计当作极为严肃高深的事情的环境里，我却可以这样用最原始的方式展示和表达。

Tom Beeby 曾问我，这种独特的思考方式是从哪里来的？他注意到我的身上并没有太多建筑界在讨论的各种理论的痕迹。在学期末的评语里，他写到，他很犹豫是否推荐我去学习那些理论，不知道这到底对我现阶段的成长会不会有益。我也借此为由，更加坚持在设计实践中自我探索。2015 年，耶鲁毕业 11 年以后，我受院长 Bob Stern 先生邀请回学校为研究生做期终评图的时候，当年曾为我评过图的耶鲁的老教授 Turner Brooks 对我说，他对我当年的作业印象深刻，而我现在的作品和以前学生时代一样，美丽又奇特有趣，不同于行业内盛行的追求"one-liner"的建筑，我是在做"true art"。我一直很感谢耶鲁当年给我的那样包容的环境，让我可以在最顶级的资源中尝试自己独立的思考。

我在耶鲁期间的暑假曾跑去华盛顿特区参观林樱⑥设计的越战纪念碑。在充满雄伟建筑和各种雕塑的华盛顿，越战纪念碑以一种能够完全融入环境的姿态独特地存在着。人们需要顺着既定的路线一步步走近，渐渐感知这个纪念性空间。这条通道的墙面是如镜子般反光的黑色石面，映射着天空和周围公园里的树木。石面上密密麻麻地刻满逝者的名字。纪念碑的形体已被消解，没有了任何形式和形象的纷扰。每个观者看到的是逝者的名字，自己的映像。这一切和周围环境在黑色的石面上融为一体。观者的情感感染着这个空间，这个空间的情感也在感染着观者。这是一个没有自我形象的纪念碑，是一个逝者和观者在天地之间对话的地方，一个纯粹的情感空间。与之相反的是，就在这个纪念碑旁边竖立着另一个雕塑纪念碑——"三个军人"，它是由三个人物形象组成的雕像。这三个人物有着最写实的呈现，但却没有代表任何一个真实的人。人被类型化，而感受也就不再真实。林樱设计的越战纪念碑没有任何人的具体形象，而每一个刻在石板里的名字却是无比真切，代表着一个个真实的故事，真正感动人的正是这种最真诚地对生命的呈现。

路易斯·康设计的两座美术馆坐落在我们 YSoA 建筑学院旁边。在耶鲁期间，我经常去其中的大英美术馆里画素描，或者就在里面发呆，感受被建筑感动的感觉。我一直很喜欢康对空间状态的把控。研究生毕业以后我飞到加利福尼亚州，去膜拜康最著名的一个作品，SALK 研究中心。

当我来到 SALK 研究中心的时候，却完全被这个作品所创造的环境深深打动，而忘记了建筑本身的造型。坐落在海边高高的崖上的建筑没有以看海景为目标，而是谦虚地将建筑体分成了左右两边，中间留给了海上的天空。站在研究院正中间，人们看不到海，两边的建筑也似乎隐退了，没有什么个体会不知趣地跳到眼前凸显自己。天际线与地平线重合，给人无限深远的感觉。这时候我们可以感受到自己也成为这个环境的一部分，而不是凌驾于环境之上。建筑空间、自然和人融为一体，人与环境之间因为亲近的关系而产生了情感联系。这种联系让 SALK 研究中心在不同的天气状态下，带给人丰富的情感感受。

加斯东·巴什拉（Gaston Bachelard）的《空间的诗学》（*The Poetics of Space*）[1] 是我在耶鲁读书时期就开始看的一本书，至今我仍然会经常拿出来看。书里有一章讲到广阔性的时候，认为海和森林带给人的是内心的广阔性，远远超越了客观性几何学的贫乏含义。

自然是天地之间和谐又变化的状态，体现了历史长河中的万物变迁相互依存的进化过程。久居城镇的人们总会在旅途中，因为大自然的景观欢喜和感慨。我们正是被自然在历史长河中包容万物的宏大所感动，帮助自己跳出斤斤计较的小事小非。

我相信，伟大的建筑带给人的感动同样超越了人们对形状或材料的局限认知。在理解人、建筑、自然之间关系的问题上，包泡[⑦]老师推荐我仔细阅读《寂静的春天》这本书。我一直以为这是一本讲述环保意识的书。直到有一次，我站在新西兰特卡波湖面前，回想自己的见闻，忽然意识到，利用化学制剂来保证农作物产量和占领一线海岸线建造拥有"无敌海景"的建筑本质上是一样的。人类在征服自然的过程中，正在失去平衡。

这使我想起大海带给我最早的记忆。那是初中的时候，老师带全班同学去南戴河旅游，晚上就住在沙滩边一个很小的旅馆里。我对那个建筑完全没有印象，只记得它离海那样的近，屋子里所有的东西都带着海的味道，床垫也湿湿的。晚上，我和同学一起走到海边，四周特别的安静，迎面扑来的是海浪的声音和带着咸咸味道的海风。一片漆黑中，一朵朵白色的浪花组成了一条条白色的曲线，奔腾雀跃地飞向岸边，又在接近我们的那一刻忽然消失，周而复始。我在沙滩上坐了很久，不想离开。当白天所能看到听到的物景都在黑暗中隐退以后，我忽然感觉我和大海有了一种亲密的联系。

每个人面对大海的时候，都会有很多不尽相同的感受。我们始终与自然保持着本能的情感联系。

然而，当我们在海边建造建筑的时候，建筑又会以什么样的状态影响我们和海的关系呢？最常见的海边的社区规划是这样的：离海最近的是大别

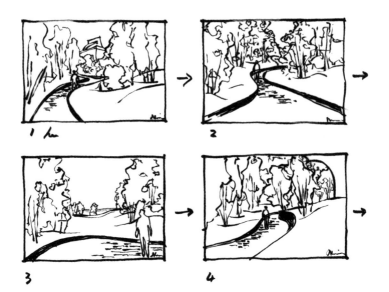

1

2

3

4

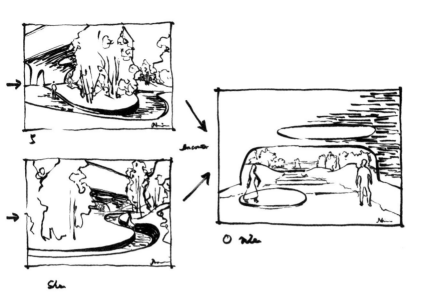

SSL 星空图书馆设计草图，2018 年
Sketch for Starry Starry Library, 2018

墅，一线海景别墅后面是多层联排，再后面是小高层，最后面是更高的高层。按照能看到海作为资源，按照房价的最大化进行分配。整个设计是一个完全以消费海景为依据的规划。社区里的房子在形式上各式各样。唯一的标准是尽量占据海景。这样的规划原因和结果听起来很常见，我们也越来越觉得理所当然。建造环境正在影响着人们对待大海的态度，从消费海景的过程中，我们开始在大海面前充满了占有的优越感。大海和沙滩已经不再拥有我小时候所见的那种亲密、敬畏又震撼的广阔性。它们仅仅是为建筑物创造气氛的配套景观。当我们身处在这样的环境中时，自身的优越感和占有欲战胜了大海本应该带给我们的感动。

① 秦佑国，清华大学建筑学院教授，中国建筑学会绿色建筑专业委员会主任，北京绿色建筑促进会主任。1997—2004 年任清华大学建筑学院院长。2005 年 9 月起任建筑学院学术委员会主任。

② 徐卫国，清华大学建筑学院教授，2012 年作为主要发起人，创立 DADA 数字建筑设计专业委员会并被选为专委会主任。

③ 斯坦尼斯拉夫斯基，俄国演员，导演，戏剧教育家、理论家。最主要的成果是建立了世界戏剧三大表演体系之一的斯坦尼斯拉夫斯基体系。它是包括表演、导演、戏剧教学和方法等系统专业知识的演剧体系。

④ 张永和，中国著名建筑师、建筑教育家、非常建筑工作室主持建筑师、美国注册建筑师。并担任北京大学建筑学研究中心负责人、教授。

⑤ Thomas H. Beeby，美国著名建筑师，新城市主义和新古典建筑代表人物。美国建筑学会院士。1985—1992 年任耶鲁大学建筑系系主任。2013 年 Tom Beeby 获得 Driehaus 建筑大奖。

⑥ 林璎，华裔建筑师。1980 年 20 岁的林璎因设计越战纪念碑而一举成名。1999 年她被美国《生活》杂志评为"二十世纪最重要的一百位美国人"与"五十位美国未来的领袖"。2002 年 5 月 30 日她以绝对优势当选为耶鲁大学校董。

⑦ 包泡，1967 年毕业于中央美术学院雕塑系；1976 年参加毛主席纪念堂雕塑；1980 年参加星星美展；1985 年为曲阳环境艺术学校；1996 年组织怀柔交界河艺术家村。

〈〈

问：如何看待当代人与建筑的关系？

答：在考虑人与建筑的关系之前，我认为首先应该关注人与自然的关系，认识到人是自然的一部分。建筑不是将人从自然中隔离出来的工具。建筑应该为人创造回归自然状态的环境。

『在工作实践中，我开始反思我在学校学到的设计方法。我发现仅仅通过学过的那些方法是很难设计出我理想的建筑的。』

胡同
回到故乡的
同：
感人的空间……

在故乡创办一家自己的建筑设计事务所，是我由来已久的梦想。

在纽约成立的 Elevation Workshop，2008 年随着我迁移到了北京，并逐步更名为 WEI Architects（WEI 建筑设计事务所），这是一家跨学科的建筑与设计公司。事务所立足于艺术与建筑的交织，研究范围从城乡规划、建筑设计到家具和产品设计。

成立 WEI 设计师事务所之前，我曾在荷兰的 OMA 事务所和美国的 BBB 事务所负责很多建筑及城市设计项目。当时我正处在思想的一个转折期。历经很多年的研究和众多项目的实践之后，我深深感到业界普遍流行的对形式语言的追求是没有意义的。

我们事务所的前身（Elevation Workshop）是我和 Chris[①] 在纽约布鲁克林成立的。那时候我们的事务所空间是一个一层楼的小厂房，空间通透开敞，所处的区域是一个非常生活化的居民区，周边混杂有最普通的老百姓和性格迥异的艺术家。那种环境带给我们一种自由自在的创作欲望。回到北京以后，我们就天天在二环内的胡同里四处打听，寻找我们理想的工作空间。后来我们找到的这个房子在二战期间是个兵工厂，然后成为机械厂。我们第一次见到它的时候，它非常破旧，屋顶有一个被树枝捅出来的大洞，地面有一个大坑，外墙面上贴着脏兮兮的白瓷砖。我们小心翼翼地把瓷砖抠下来，发现里面漂亮的灰砖墙上还留着六十年代的大红字。房子

沙滩四合院改造，2013 年 / Shatan Courtyard House，2013

方家胡同，2009—2018 年
Fangjia Hutong，2009—2018

外面有几棵大槐树。我们在门口建了一个台阶。当时周边的邻居和孩子们会经常过来围观，后来这个台阶成了非常有趣的交流空间。

对我来说，北京的胡同非常有魅力。尤其是下雪的时候，胡同里散发着北方城市浓郁的生活气息。每天我们来工作室，感觉有一种远离都市纷杂的体验。和外面的环境相比，胡同里特别宁静，所有的尺度也一下子小了很多，抬头就可以看到的天又让人感觉到一种自然的宽阔。高低错落的房脊屋檐、随季节变化的大槐树枝叶，组成了胡同独有的美丽的天际线，经常可以见到的野猫闲情漫步于灰瓦的层层波浪间或趴在树枝上晒太阳。胡同里的小学经常会传来孩子阵阵的嬉闹声。被旗杆擎到空中的国旗随风飘扬，带来一抹红艳。天气好的时候，胡同里遛鸟的大爷会把鸟笼挂成一排，街里街坊的老人们会聚拢在墙根儿、树下一起聊天、晒太阳。我们事务所的那两只猫，是我们共同宠爱的"老公主"和"老王子"，从纽约跟随到北京。它们也是公司非常忠实的成员，喜欢通过玻璃门，观看胡同里发生的各种事情。而门口经过的野猫、小狗和一些游客也会停下来在台阶上与它们隔门相望。

在胡同里成立工作室的这些年里，每次做讲座介绍我们的设计理念和实践作品时，我都要先放上我们在胡同里的各种生活照。因为是胡同的环境为我们的创作过程提供了一个潜在的气氛。我最喜欢的一张是胡同里的一位大爷和几位大妈一起

胡同里的四季
Four Seasons in the Hutong

晒太阳的照片。每当天气好的时候，这位大爷都会坐在胡同里的一个被人遗弃的沙发上晒太阳，而胡同里的很多大妈也会坐在旁边一起聊天。这张照片就是他们的场景，大爷的脸上洋溢着快乐和满足的微笑，我戏称他为胡同里"美女相伴的国王"。灰色砖墙下的一小片空地，一个被遗弃的破沙发，在风和日丽的时候，这里就可以是一个充满情感的空间。

每个人都被周围的环境潜移默化地影响着。公司所在的胡同大门旁边有一棵大树，树的支岔展开遮盖在大门上。每天早上来上班时，我们似乎都会被这棵大树拥抱迎接。一位有心的同事，拍下门口同一个角度的一年四季：大树的枝芽、对面层层叠叠的瓦屋面、灰色的砖墙，在不同颜色的天空中融为一体。在每天经过的地方，发现一年四季自然与建造环境之间变化的美丽，是一件美妙的事。

正是因为我们生活在这样小尺度的胡同环境中，有限的空间促成人和人之间日常的互动和交流，才有了这些相互的了解、沟通甚至是争执，人与人之间也因为这些碰撞才产生了情感的联系。有时候我在想，如果有一天从胡同搬出去了，我们一定会想念这里。这种想念中一定也会夹杂着各种扰心经历的记忆。但各种不同的回忆才让思念变得更加深厚。

我们对父母的家也会有这种感觉。逢年过节回家的时候，我们会忍不住抱怨父母的唠叨，但离开家的时候，又经常会思念父母和那个养大我们的家。就像陈凯歌的短片《百花深处》中，房子已经被拆光了，主人公依然在一片空地中细数家珍。对家的思念是发生在家里的真真切切的生活。家超越了物理属性，它是一个情感的空间，是人生活的一部分。

我们曾为一位父亲改造了他在紫禁城护城河边的胡同里的家。那是一位在北京定居的美国人，他希望在这里建立自己的家，迎接他马上要出生的孩子们。我特别喜欢那个小小的地方，喜欢院子里的那棵树，还有看到天空和阳光的感觉。房子的设计没有什么炫目的形式，所有的空间组织，都是围绕着如何让这家人在家里和天空、阳光、风、树以及家里的人之间产生各种交流。房子在这个家庭搬进去以后充满了生活气息。每一次业主的父母来北京看望儿子和孙子们的时候，一定会邀请我们去家里吃饭。每次，他们都要强调，他们很爱这里，因为这座房子给了他们家的感觉。

① Chris 全名 Christopher Mahoney，曾是 Elevation Workshop 创始合伙人，美国罗德岛设计学院艺术硕士，曾执教于美国耶鲁大学建筑学院（5 年）、纽约理工大学建筑系、纽约帕森设计学院和美国罗德岛设计学院。在中国曾先后在华南理工大学、北京林业大学和北京建筑工程学院做过学术讲座。

问：现在越来越多的人把更多的时间花在虚拟世界里。作为建筑师你怎么看？

答：未来的世界一定是虚拟和现实相互交织的。而虚拟世界所具备的技术优势，会对人的情感辨识更加敏锐，也会让现实世界对情感的满足提出更高要求。

「我们塑造我们的建筑，而后我们的建筑又重塑我们」[2]

——温斯顿·丘吉尔

「建筑不是独立于人之外存在的。建筑，和建筑内外的人一起，才构成了整个作品。没有了人的参与，建筑就不再拥有生命。」

信息

从摩登时代

进入

息时代：

虚实之间自我的生长……

小的时候看卓别林的《摩登时代》，只觉得很搞笑。长大以后，才体会到那种痛苦。流水线上的工人日复一日地完成单调重复的劳动，完全丧失了手工艺人对自己拥有的技艺和作品的自豪感，从而开始怀疑自己存在的意义。人类越来越多的生活发生在越来越密集的建造环境里。建筑被看作是"居住的机器"，和流水线上产生的工业产品一样，快速充满一座座城市，装满那些同样被当作工具的人类。

人类对情感的追求本是天性。在工业时代，在征服和追求效率的大潮中，活生生的人需要牺牲个性和情感，把自己交给概念逻辑和钢筋水泥。人的生命越来越长，可是生命的意义却越来越模糊。

在人类文明发展的进程中，人类组织的单元越来越小。这个单元，不是物理上的空间概念，而是作为一个可以相互信任，沟通合作，创造价值的人群集合。比如在远古时代，人类组织的最小单元是以部落形式存在的。离开了部落的个人就好像离开了狮群的公狮一样，面临生存危机。随后随着技术与文明的进步，人类组织变成了更小一点的氏族，而后是家族。在几年或者十几年前，人类组织的最小单位天经地义是家庭。而今天，人类个体成为了当仁不让的主流组织单元。人类的生活单元越来越小，群体生活中集体关联的感情纽带也一步步在淡化，我们变得越来越孤独，对情感的渴望也越来越迫切。

所幸的是，从后工业时代开始，人类文明开始进入了信息时代。这一方面是技术演进的自然结果。

另一方面，又何尝不是人类每个个体太过孤独，渴望交流的产物。随着工业文明正在被信息文明所替代，在追求高效率过程中对个性与情感的压制也即将结束。我们开始需要回归对人本性的理解，满足现代人越来越渴望的对情感的追求。

在信息时代，科技带给了我们一个迅速发展的虚拟世界。当越来越多的事情可以通过移动互联在虚拟空间中完成的时候，未来去一个物理空间的原因就不再是以前的"需要"去，而可能是因为我们"希望"去。对物理空间的选择将不再是满足生理需求，而是满足人的精神需求。

杰里米·里夫金在《同理心文明》里提出，社会发展的根基就是人与人之间"感同身受"的同理心。我喜欢这本书里面的一句标题"超越存在的意义"[3]。当今，我们的建筑已经不仅仅满足于生存，而是对于生活有着更高的精神诉求。

与过去把有情感的人变成机器人的时代相反，诺曼在《情感化设计》[4]这本书里甚至认为未来的机器人必将是有情感的。我的好朋友李笛被称作是微软小冰之父。微软小冰是人工智能机器人，各国不同的微软小冰开发团队有不同的侧重。中国主要发展的是人工智能的情感框架。有几年的时间，他一直在培养这样一个虚拟世界中的小姑娘。从一开始他们之间的亲密交流，到逐渐让很多真实的人和她交流，通过小冰储备了大量的人类样本，在数据处理中有意识地去掉了知识部分，从而开发了巨大的情绪库。李笛对于小冰的期望是她可以真正地成为一个"人"。不仅仅可以写诗歌、唱歌和做主持人，还可以得到人类在情感上给予"准成员"这样的待遇。

多么不可思议，人类一直都无法清楚解释的情绪，正在通过大数据的方式进行研究。情绪被这样的重视很让人兴奋，人们已经开始发觉情绪的巨大能力。比如人们发现，因为我们人类其实是带着情绪作所有的决定的，因此决策模式和情绪模式密切相关。我们所做所想的每一件事都受到情绪影响，尽管在很多情况下我们并没有意识到这些。

其实我们身边有很多人都在从事着和人的情感相关的工作。有人是在做服务行业的客户体验与客服系统，他们的研究方向是希望能找到影响客户情感的原因，通过大数据，对人的情感分析归类，进而建立一个系统化的运营规则，提升用户体验，建立升级服务的模式。大数据可以合成用户故事和流程（process flow），用行为方式理解人对应的反应（flow），从而发现解决办法。有的朋友从事传媒领域，希望通过对大众在不同情况下的情绪反馈的分析来建立信息传播的有效方式；有的朋友在做线上社区，希望通过在互联网上的社交活动把身处不同物理空间的人聚集并产生黏性联系；有的朋友从事交互界面的设计，希望能让界面产生拟人的交流互动；更有游戏开发人员，通过对人性透彻的研究而创作虚拟世界。当下非常

此刻，在此地，"我"的经历就是世界的全部，同时，世界瞬息万变，却可能近在指尖，"我"成了世界的中心。

受人喜爱的个性化旅居，精品酒店、民宿、第二居所，它们一方面是为人提供一个不同于日常生活的环境，带给人感知变化的喜悦，另一方面也在满足人对自然环境重新建立情感联系的需求。越来越多的消费升级模式正在呼应着现代人日常生活中的精神诉求。

全球化的大环境下，大群体所处环境越来越趋同。同时，小群体和个体在空间中彰显着个性，个体的经历都是自我的，都是实时的。如果用一个浅显易懂的比喻来形容，就像在网络游戏的虚拟世界里，每个玩家都是自己故事里的唯一主角。每个玩家都会在一个虚构的场景里创造出自己独一无二、不可复制的经历。这个虚拟世界里玩家体验的部分因为玩家的参与而产生了意义，而这种意义又只对玩家个体的此刻经历有影响。

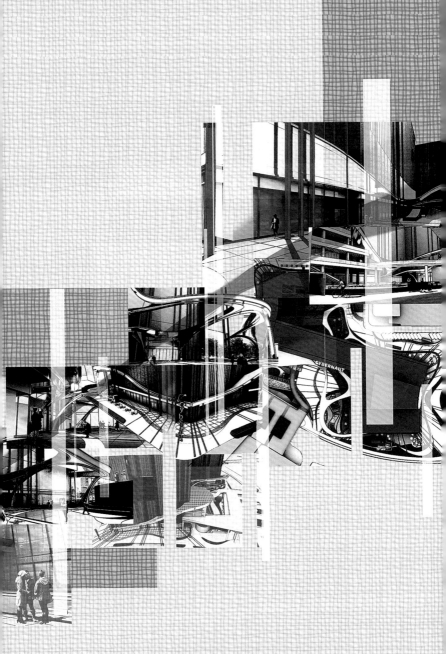

赛伯乐广场及立面改造, 2015-2017 年
Cybernaut Façade and Plaza Renovation, 2015-2017

〈〈

问：你提出的弥漫空间，和情感设计是什么关系？

答：弥漫空间是一个结果，或者说是一个想要达到的理想状态。情感设计是一种思维方式，是达到这个状态的路径。说它是路径，其实更像是一个类似禅修的自我训练的方法。通过平时对自己的感知世界和思考问题的方式的训练从而达到在设计中寻找或者抓住灵感的状态。

「是故学然后知不足，教然后知困。知不足然后能自反也，知困然后能自强也。故曰教学相长也。」[5]

——《礼记·学记》

思考：实践与教学中

弥漫空间之初……

结束了多年的旅居生活，长居到胡同里，节奏变慢了，有了静心思考的环境。我开始明确地感觉到，我追求的建筑设计，应该是超越物质形式和手法的。建筑应该创造的是一种精神状态，能给人一场经历，给人一种感动。2008 年底，我被邀请在某大学的建筑学院为大二的学生设计评图。在评图的过程中，学生们毫无例外地以介绍环境和功能开场。没有一个学生会谈自己的设计理念。当我去追问的时候，也几乎没有人能够说清楚自己除了功能实现以外还设计了什么。

这时我萌发了把我的设计理念整理出来和更多的人交流的想法。我试图把这个状态描述出来，作为引导我们事务所实践的起点。我们所接触的大多数的"封闭空间"都是围合的一个空间，将人与自然隔离，让人在其里面活动。而我希望建筑空间和人与自然之间不是主动与被动的关系，而是一种时刻紧密联系的共生关系。空间是一个能够创造和承载更多个人感受的地方。在这种空间里，物质被打散，与人互动共生。2009 年，我在自己的博客里第一次提出了 Suffused Space。以便和通常建筑中的 Enclosed Space 作对比和区分。

建筑空间常规被形容是"Enclosed"（围合）的空间，通过建筑体圈定一个空间。"空间"这个词的构成也是基于这样一个假设。人们被物质所围绕，围绕人们的物质成就了形状。建筑长久以来一直将关注点放在圈定空间的物质体。而我所认为理想的空间则是"Suffused"。

有了英文提法之后，我花了很长的时间去找寻合适的中文提法。我最先想到的是"萨特空间"。因为萨特的存在主义更关注个体在现代社会中的感受。在这之后，我对几位日本建筑师提及的"雾空间""彩虹空间"作了深入的研究。但又觉得这样描述具象物质的词汇无法表达心中理想空间的那种模糊、无形、似乎随意却无所不在的、和人相应的状态。在这样的状态中，物质应该已融入感性认知，而不再突显。

很偶然地，我在《墨经》中看到"久，弥异时也；宇，弥异所也"[6]这句话。在它的启发下，我为自己心中理想建筑空间的模模糊糊的状态起名为"弥漫空间"。"弥漫空间"从此诞生。现在回想，那个时候开始努力寻找一种超越物理性质的表达来描述这种状态。

"弥漫空间"（Suffused Space），以意境为主导，以情感为依托。超越形式、模糊边界。它是一种状态，一种说不清却一定会被感知的状态。它给人提供一个可以承载经历、引发顿悟的场景。

虽然一开始这只是一个模糊的想法，然而随着我在实践中的探索，这个想法变得越来越清晰。这个称之为"弥漫空间"的理念被广泛应用到了事务所的作品设计中。2014 年，我发表了"弥漫空间的理论和实践"的文章，讲述了我那几年对弥漫空间的进一步探索。

2016 年 5 月，WEI 建筑设计事务所成立七周年的时候，我邀请了几位建筑和艺术业内的前辈和朋友到我们胡同深处的工作室里，把我这些不成熟的想法和七年里不停探索的过程和结果倾囊而出。大家进行了长达数个小时的研讨。这些讨论对我有着非常重要的意义。无论是肯定或是质疑，还是提醒和建议，都让我在思考的过程中有了更多扩展或延伸的支点。

弥漫空间有两个重要组成部分，由物质组成的场域，以及和场域发生互动从而让场域有意义的人或个体。弥漫空间里，个体的经历都是自我的，实时的。从结果上来讲，弥漫空间更关注人的个体感受。在设计过程中把人和建筑当作一体的设计对象进行处理，最终让人和建筑一起回归到自然的状态。

事实上，"弥漫空间"只是一个开始。它帮我开启了一条探索的路。随着思考的一步步延展，渐渐地，很多似乎已深藏很久的思考都被引发出来了。这里面有我从小就有，却或许并非有意识的理解，比如空间对我的感受性影响；也有我成长环境带给我的东方文化审美和思维方式。这里面有很多我在建筑教育下和专业环境中耳濡目染的学识，更有我这些年在实践过程中不断探索的思考。童明在《园林与建筑》里有一句话"建筑话语需要

美国雪城大学"情感设计"工作坊，2016 年
"Emotive Design" Workshop in Syracuse University, 2016

有一个起点，无论多么的武断主观，它都会成为随后演变过程的初始。"[7]

从一开始否定形式主导，到后来超越形式寻求意境的本质，再到现在关注人与建筑在天地之间的状态，在 WEI 建筑设计事务所这些年的实践中，我和我的团队一直在对"弥漫空间"发展更深的认识。

然而核心问题一直都是在围绕着建筑的本质特征，也就是建筑与物质的关系和与精神的关系。这些关系体现到实际设计中则是设计师对个人感受的关注与物质表达。个体意识是建筑体验的载体，个人情感是空间意境的显现；意境需要通过能够感性认知的物质呈现，感性认知又是场景碎片化的心理活动。而碎片化场景与点状的时间创造了时空的留白。空隙最终为个体意识提供了生成空间。

探索"弥漫空间"一直不关心形式语言或风格，而是希望达成于思想层面的建构。

在正式提出"弥漫空间"的概念之后，2016 年，美国雪城大学建筑学院院长 Michael Speaks 先生和王飞教授邀请我去为研究生开设一个工作坊。我以一个实际建筑改造项目为基础，让学生们按照设定的步骤进行一个完整的快速设计。我为这个工作坊课程起名"Emotive Design"即

"情感设计"。恰巧雪城大学建筑学院的研究生主任 Brian Lonsway 教授在"研究叙事性设计"（Narrative Design），他对我的教学方法非常感兴趣，和我一起交流了很多关于他的教学思路，并要求他的学生都来上我的设计课。在短短三天的时间里，来自不同国家有着不同文化背景的 20 多个学生都完整地体会了"情感设计"的思维方式。虽然在前期，他们都遇到了困惑和经历了痛苦的认知重组过程，但是在最后一天每个人都有了飞跃性的进步。经过了这次课程，"情感设计"这套方法论也有了更系统的整理。

2017 年，我又进行一项新的尝试，在一个提供线上教学课程的平台，开设了一个线上线下同步的建筑设计课。两周的设计课有 100 个线上学生，包括 4 个线下学生。他们都是来自全国各地，有的有设计专业背景，有的只是建筑爱好者，有的是在校学生，有的已经工作了很多年。线上的设计课程将我的思维方式传播给不同的人，在整个教学过程中，我也得到了很多非常有益的反馈。

正是多年来这么多学生不断地给予我的各种反馈，让"情感设计"越来越丰满。我逐渐意识到，这些思考对很多人都有启发和帮助。不仅仅是正在学习设计的学生们，没有专业基础或是有了很多年实践经验的人同样可以有所收获。"情感设计"不仅仅可以成为"弥漫空间"的一个有效切入点，它其实更是一种思考的过程，一种日常生活中可以体会和应用的感受与表达的思维方式。

2 研究 / 情感设计

得意忘形
境生象外

什么是目标，什么是方法？

有一种陷阱，大家在工作和学习中经常会遇到。为了达到某种目标，我们去学习达到目标需要使用的方法。而在了解方法的过程中，却不自知地被方法本身主导了。我们开始关注方法的应用状况，甚至为了能应用这些方法而特意去创造条件。在追求完成方法的同时，原本的目标却被遗忘了。

我曾经在一次论坛中听到一个年轻的建筑设计师讲述他的经历。他最近在一家建筑设计公司工作时参与的一个项目受到了业内的好评。那个项目我去过，虽然是一个很小的房子，但是通过一系列丰富的空间处理，创造出了探索感的路径和一个个亲密的小空间，非常符合作为一个甜品咖啡店给人的感受预期。那位年轻的设计师对自己的设计贡献非常自豪。他说，他上大学的时候就一直用这种"碎"的手法做设计，却一直得不到老师的认可。言语中表露了对自己从前的设计思路和作品没有得到认可的不满。

作为一个旁观者，大家都可以看出，一个建筑设计是否是个"好"设计和"碎"这个形式呈现并没有必然联系。但是，当我们作为当事人的时候，却经常掉入同样的陷阱而不自觉。

设计师们不仅经常将偶然的成功案例分析归结成某种显性的形式或技法的应用。很多时候，还把成功案例里应用的形式或技法假设成为创造成功的必经之路，甚至直接转化成为设计目标本身。

林樱设计的越战纪念碑之所以震撼人心，是因为项目建立的那种空间和人情感上的联系。很多人去分析这个项目的时候，却看到的是在地上撕开一道口子的这个形式，将这种地景形式作为了项目的学习终点。这个作品作为林樱职业生涯的第一个项目，也被收集到了刚刚出版的林樱作品汇总的专辑里。而那本书的名字叫作"大地艺术"。相信那本书将会让更多的学习者深深地掉入形式的陷阱。

在以理性分析思维模式为主导，技术成为核心的大环境里，我们有时候是情不自禁地将可见、可分析、可传播的内容取代了内在的感性认知。年轻的建筑学习者会陷入这样的误区，产生过成功作品的建筑设计大师亦会徘徊。

当我们过度地将有意识的技法作为思考的核心的时候，设计往往会偏离原本的目标。我们经常看到各种"用力过猛"和"为了设计而设计"的失败案例。其实不仅仅是在建筑设计的领域，我们在日常生活中随处可见这样的设计结果：一件不知道该怎么穿进去的衣服，一双贴满了不同风格装饰物的鞋，或者一个把手造型奇特到无法负重的杯子……

而只有我们真正理解了偶然成功的案例背后真正有价值的内容，并将这些本质内容作为目标，我们才有可能超越外在形式手法的误导。

怎样才能避免在设计过程中被具体的方法所主导？怎样才能不陷入被形式语言驱使的困境？

正如刘禹锡在《董氏武陵集记》中写的，"诗者，其文章之蕴耶！义得而言丧，故微而难能；境生于象外，故精而寡和。千里之谬，不容秋毫。非有的然之姿，可使户晓；必俟知者，然后鼓行于时。"与此同时"心源为炉，笔端为炭，锻炼元本，雕砻群形，纠纷舛错，逐意奔走。"[7]

对意境的追求和理解一直是中国传统审美意识中终极境界。对"境"（虚）的追求可以让对"象"（实）的把握有的放矢。

很多成功的建筑项目正是因为达到了能和人产生情感联系的境界才被人喜爱。但有时这样的结果往往是因为设计师个人状态和修养而取得的偶然结果。而情感设计的思路就是希望能将"偶然结果"变成主动追求的目标方向。

平时我们可能见过很多以解决功能问题为目标的设计，情感设计需要设计师不仅仅停留在功能解决的层面上，更需要让设计解决精神层面的问题。

以意境为主导，情感为依托，情感设计的目标是创造一个可以和人产生情感联系的建筑空间。这种对精神情感的追求，会为设计过程中对形式材料等物质性的考虑提供指导，为设计技法的选择提供依据，并且能够成为一个可以帮助设计师把控整个设计过程的切入点。

"情感设计"讲述的不是技法，而是一种思维方式。而学习一种思维方式，我们需要去完整地体会这个思考路程。当我们已经见识并学习了技术技法以后，只有设计思路可以指导我们将所有所知有机地联系在一起。

为了帮助我们完成体会这种思维方式的过程，我们需要将一些本来混沌的思考拆解成明显并可操作的步骤，并为每个步骤的完成提供可以辅助的方法。但这些方法和步骤并不是重点，也不是唯一的途径，它们只是暂时性的辅助工具。当我们体会了情感设计的思维过程，能够用自己的思考开展设计工作以后，这些步骤可能会被打破，可能有些方法也不再需要。根据具体问题，我们可能会找到更多有帮助的技法。也可能，我们会再次进入混沌的设计思考状态。

建筑学本身有着非常理性化和工程化的需求。在设计过程中，建筑师要使用多种工具，进行大量分析和计算，满足各种建筑规范、规划指标。还要考虑材料和构造，进行结构机电设备等的综合，参与消防和报批的手续等举不胜举非常实际和工程化的工作。这也造成了现代建筑设计方法论以理性的工程化思维为主导。但是，就像前面提到的目的和方法的关系一样，因为这个过程中太过于注重方法，让很多设计师迷失了目标。

情感设计试图借助于感性去唤起直觉，以期创造出能够联系建筑中个体的个人情感的作品。由于是完全依赖感性甚至直觉的指导，情感设计并不是通常意义上的按部就班的方法论。而是刻意"修炼"出一些独特的自我意识和思考方式，来找到自我的感受。通过这些思考方式，再配以一定的步骤指导，就能够尽可能地做到从感知入手，通过理性分析，最终回到感性决策。这就好像太极的"阴"和"阳"，看似矛盾的两个事物相互融合，可以创造出远超越任何一个"极"所能达到的极限。

下面我将从五个环节入手去诠释如何进行情感设计。

I 直觉感受

L 景观先行

S 场景化思维

E 在时空中营造经历

I 在感性与理性之间反复

其中前四个是思维锻炼，不仅仅需要在设计过程中使用，更需要在日常的生活中积累和养成习惯。最后一点，感性和理性的反复，是指导大家如何在两个看似矛盾的设计角度中反复迭代，互相推进，最终完成设计的过程。为了便于记忆，我用以上几点组成了下面这张图。英文的开头连起来就是 ILSEI。

情感设计关键词   Emotive Design Key Words

直觉感受
Intuitive
Perception

景观先行
Landscape
Driven

场景思维
Scenery
Thinking

经历营造
Experience
Directed

感性理性反复迭代
Iteration between Sense
and Sensibility

ILSEI
思维训练

1. 从直觉找到设计的切入点

情感设计的第一步是抓住直觉感受

我们经常会遇到这样的情况，走进一个环境优美的地方，感受到一种震撼，不禁发出"哇哦"的感叹。但如果这个时候有人问为什么感叹，我们却说不清楚自己到底产生了什么样的情感。通常很多人会回答，这里的天很蓝、空气很清新，空间很有纵深感，层次很丰富等。从最朴实的现象描述到更"建筑"的手法解析，我们习惯了用理性分析去回答一个问题，而这些答案既不是真正激发我们情感的内容，也没有表达出我们的真实感受。而真正让我们发出"哇哦"感叹的那种直觉感受，也在有意识的分析过程中消失了。稍纵即逝的直觉感受，常常被训练有素的分析式思维"踢走"了。

我曾经见到过一个建筑院校的课题，让学生去体会一个地段带给人的感受。我看到题目的时候眼前一亮，正要为这样的方向感到兴奋时，看到后面的课程指导里进行了对"感受"的说明，即听觉、视觉、触觉、嗅觉、味觉，我一下子很失望，原来这个课程依然没有走出断章取义的方法式教学。

人类与生俱来有着对事物的直觉感受。这种感受是对状态的一种综合反馈，超越了物理性质的五感。而近代的教育更加注重的是对技法的学习，甚至在强调我们的感官经验不可靠，倡导排除感性的认知态度。这不难理解，因为在教学的过程中，很难建立一个和感性认知相对应的评价体系。就像语文考试会考核作文，但尽量避免诗歌这样偏重个人喜好而无法评估的文体。于是，随着我们学到的东西越来越多，受到知识和教育的影响越来越大，就逐渐丧失了对感性认知的把控和应用，以及对情感感受的理解和捕捉的能力。

直觉感受的重要性

人类与自然有着无处不在的联系，即便是在建造环境最密集的城市中央，我们依然是活在天地之间，依然被自然环抱和影响着。每当阳光明媚，或是天边出现晚霞和彩虹的时候，我们的朋友圈就会被各种美丽的风景照片刷屏。每张图片都洋溢着朋友们由衷的喜悦甚至自豪感。这是人与生俱来的情感体验，欣喜于大自然的点滴变化，不自觉地投入其中，产生浓烈的归属感。

小朋友对小动物也有着天生的喜爱。他们通常不会惧怕毛茸茸的萌宠，会轻轻地抚摸猫咪，会抓一把小米给小鸡喂食，会和小狗聊天说话，甚至能够感受到小动物的悲伤和喜悦。这是人对生命的本能感受，将同理心的作用扩展到整个自然界，甚至理解其他生物的情感。

但是人的感知也是有惰性的，当长时间处于同样不变的环境中时会丧失敏锐度。当我们手握着一块冰冷的铁块时，能够清晰地感受到它的质感和温度，但一动不动地握一会儿以后，很快就因为适应而不再能感知对它的这些感受了。同样的，因为长时间身处在空气、阳光中，人们经常会忘却了这些自然环境带来的最直观的感受。

在《空间的诗学》这本书中，作者讲述了菲利普·迪奥莱（Philippe Diole）这位现象学家和心理学家的经历和思想。他潜入海洋深处，体验"对水的内心空间的征服"；又深入荒漠中，体验零碎的山头、沙漠和死去的河流，感受石块和酷热的阳光。他从无边无际的水来到无穷无尽的沙漠，解开时间和空间的惯常联系，离开习以为常的感性空间，通过转换空间的性质，开始和心灵空间发生交流。[9]

在情感设计的过程中，很多人可能会遇到和多年养成的思维方式不同，甚至和常规经验方法冲突的思考方式，这个时候需要我们突破惯性思维，带着放空的心态，体会回到和身边环境直接联系的"自然状态"。锐化感知，从而激发本能的直觉感受。

能够把控整体的设计切入点

当建筑师面对一个项目的具体环境和背景需求时，应该有一种广阔的感性认知——基于社会与自然产生对生命的感悟。建筑师的设计应该是基于这种来自于生活又超越现实的情感感受。

在教学过程中，设计开始的第一阶段，我通常会让学生们按照直觉提出几个关键词。将环境带给我们的感受提炼成高度抽象的几个词汇，并用图像来直观地表达和解释情感状态。这个过程，可以刺激和锐化学生的感性认知。这些抽象的词汇将成为下一步调动情感记忆时的索引，进一步激发联想与想象力。

当学生们通过对项目的深入研究和分析逐渐建立了设计背景环境的时候，我们就需要提出设计的目标意境，即空间想要给人的最强感受，也就是我们项目设计的"最高任务"(《演员的自我修养》[10])。通过一组情感状态的关键词和表达意境的分镜设计，我们对第一阶段的关键词进行审视和修改。

曾经有一次我和朋友讨论情感设计的时候，朋友问我是怎么给情感分类的？我忽然意识到，为了和别人交流，我需要把本来混沌的事物按照理性分析的思维进行拆解。虽然结果是片面的，但可以便于一个话题的开启。

于是，根据情感设计的应用需要，暂且按照出入方向把情感分为：情感的输入，即感受；情感的输出，即表达。

然而，情感是非常复杂的。

1990年代，神经科学家们在人类、灵长类及鸟类身体中发现了"镜像神经元"（mirror neuron）。镜像神经元让人类和一些动物可以本能地模仿同类，从而感同身受。很多科学家认为这种神经元的存在，说明我们的很多情感，比如同理心，是神经系统提供的一种生理机能，而不是后天经验的结果。这一发现给心理学带来了很多拓展领域，也说明了对"情感"的研究还有很长的路。[11]

我们的生理机能决定了我们对情感的感受和表达之间有着不可分割的相互作用。比如当我们难过的时候会哭，同时，即便我们不难过，当我们哭的时候，也会不由自主的开始难过。也正是因为情感的这种互相作用的出入关系，设计师在想象设计最终要带给人的感受的时候，会发现它们很大程度上还是来自于项目给予设计师自身的感受。作为设计师，只有先感受到了情感，才能设计出有情感的空间。

建筑设计实质上是设计师通过物化空间和使用者达到感同身受。

情感设计的过程就是在寻找有效的
情感表达方式。

2. 景观先行

从对环境的感悟开始

建筑不是一个被包围的独立体，建筑应该是环境的一部分。

设计师在进行建筑设计时应做到景观先行。这里说的"景观"并不是我们通常讲到的和建筑、室内平行的景观专业的狭义上的景观。景与观，指的是我们房子所处的周边环境的综合情况，以及环境和我们未来使用者之间通过建筑可能产生的各种关系。景观先行，就是我们需要先从理解和感受周边环境开始。

有时我们听到设计师在谈到自然环境的时候，把它当作一个可以通过理性分析拆解成各种部件的物体。就像西方的绘画艺术会通过将人的各个部分拆解成各种几何形体来进行研究。然而自然不是客体，自然万物的存在是一个综合的状态。当我们将环境的这种综合状态，抽离出"自然元素"时，我们自己就已经丧失了对自然环境综合的理解和感受。

孔子在看到大河流水时感慨的是"逝者如斯夫！"在思想者面前，一砖一瓦，一草一木，带来的感受是对生命的理解。

小溪家，2017 年
Springstream House, 2017

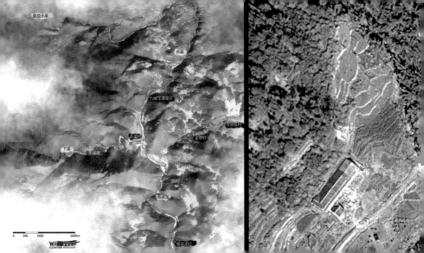

小溪家平面，2017 年
Plans for Springstream House, 2017

建筑设计的范围是什么？很多人会认为建筑用地
红线，这道人为设定的界限就是设计的最外轮廓。
在很多设计师的工作过程中，我经常看到他们的
图纸和模型里也只会显示红线位置以内的信息，
所有内容会在红线戛然而止，似乎这条虚拟的线
以外完全没有任何实际事物的存在。

在情感设计的教学过程中，我通常要求大家至少有三个尺度的设计范围：

S　航拍地图看到最全面的周边环境
M　区域平面看到临近可见的构筑物和环境
L　红线附近看到具体的内外衔接

这三个尺度图纸里所包含的内容，不仅仅是在设
计初期分析阶段需要仔细研究，在设计的整个过
程中，我们都需要不停地在这三个尺度上考虑问
题。让这些有关周边环境的内容出现在每一个设
计思考过程和结果当中，不断地重复出现，强化
对其理解，目的是希望这些内容可以从理性的认
知上升到感性的认知。这样，大的环境背景就会
一直被我们考虑。即便我们在设计具体内部空间
的时候，这个大环境也可以在潜意识中影响我们
的判断。

让信息成为感性认知

每个项目都有很复杂的背景状况，在设计步骤中，搜集项目的地理位置、气候条件、文化历史等相关信息也十分重要。在这一步中，需要尽我们所能，找到最全面的信息，它就像金字塔的底座，是设计的坚实基础。

有设计师说，收集信息他们很熟悉，在以前的常规设计过程中，每个项目都需要做地段情况的调查和分析，但却总是不知道这些内容如何应用到设计中。很多时候，设计师会把其中某些信息单独提取出来当作概念设计的切入点，但往往在设计推进的过程中，会发现这些都不能支撑一个建筑设计的复杂要求。比如有人认为某个地方的渔村生活是特色，就把渔网作为主要元素进行设计，但后期连自己都觉得太牵强。其实，这是很多有设计实践的设计师经常会遇到的问题。所以学生问我，那收集信息的目的究竟是什么？

在情感设计的过程中，场景化思维是非常根本的内容。而任何场景的产生都是存在于一个更大的场景中。所以在进行设计之前，我们需要在头脑中先建立一个综合的背景场景。

在做项目的调查研究和分析时，我们不能只停留在收集信息这一步，必须要通过自己的大脑对所有的信息进行一次有意识的加工，并通过思考将这些信息重构成属于自己的认知。

风中的感受
Feeling of the wind

比如我们拿到一个项目后,会先去查找这个项目所在地一年四季的气温。在找到一个写着各个时间节点下的具体温度的数字之后,需要进一步联想这个时间节点在生活中的一些常见场景:回想在这些温度下我们通常需要穿着什么样的衣服;在室内外分别会有什么感受;通常在这样的温度下,我们会倾向于做哪些活动等。当这些内容都生动地在脑海中组合成一个个场景的时候,我们才真正掌握了这些列表中数字的含义。这时候我们完全可以忘记这些具体数字,因为这个知识点已经进入设计的潜意识背景中了。

再比如,我们会去查找项目所在地的风玫瑰图(记录当地风向和风力的图表)。这些图表可以帮我们去想象这个地方的风在一年四季的变化情况，想象不同时间风的大小和方向，想象自己站在风里的感受。于是，一个图表就变成了我们头脑中的一个随时间变化的风环境。当这个时间和空间维度并存的场景建立在我们的大脑中时，就可以完全忘记风玫瑰图的样子了。在做设计时，不再需要去反复查看风玫瑰图，我们就像在本地长大的人一样，可以轻易地告诉自己风的习性。

再比如回到那个渔村的生活特点，我们需要细致地了解村民世世代代的生活习惯和行为背后的思考，将这些内容落实在具体的村民个体上，在脑中再现这些生活场景。感同身受地体会之后，这些调研信息才真正成为对设计有用的内容。

这个过程无法、也不应该，直接引向任何具体的设计手法，但却可以建立我们的感性认知。

建筑设计需要很多信息。因此做好一个设计，我们需要做大量的前期工作，收集大量的信息。然而，在设计过程中有意识地去查看或参考这些信息，反而会影响潜意识的灵感。我们需要将这些海量的信息用自己的判断进行拆解、筛选和重组，并最终"忘记"所有单独的信息，将它们转换成感性认知。让这些认知组合成一个综合的状态，成为项目设计的背景和设计思考的潜意识背景。

3. 场景化思维

情感是人对综合状态的反馈

"情感"本身实际上是一个非常宏大的话题。

我曾经翻阅过杜克大学教授 William M. Reddy 的著作《The Navigation of Feeling》[12]。这本书讲述的是情感史学研究的框架。很多领域的学者针对人类的情感分别进行着各种研究，神经学、人类学、历史学等学科，都有涉及关于情感的研究。心理学家从精神分析的角度，人类学家从理解文化层面，历史学家和文学评论家从考古和文学的角度研究，但也都浅尝辄止，学术界还没有出现权威的结论。

情感这个领域是无法完全研究透的。因为每个人的情感都会受到社会背景、家庭环境、所处区域历史文化等因素的影响。同时，每个人每个时间段的情绪也不尽相同。同样一件事，发生在同一个人成长的不同阶段，产生的情感结果也不一样。用一句话来概括，情感就是一个复杂综合状态下的直觉感受。在这样的情况下，我们如何让人在空间中产生情感的联系是一件非常有挑战的事情。因此，在进行情感设计的过程中，我们强调场景化思维。

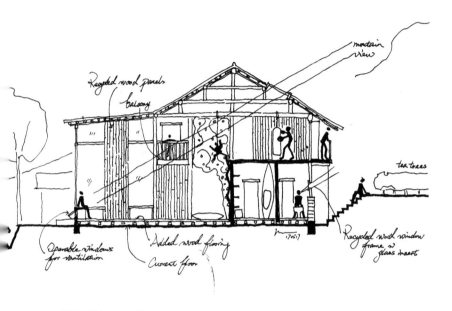

草图 小溪家，2017 年
Sketch for Springstream House，2017.

铃木大拙讲到"东方的伦理方法是综合性的，它不太注重具体细节的阐述，而着眼于对全体的直观性把握。"[13] 老子曰："道可道，非常道；名可名，非常名。"[14] 我们每个人在一个复杂又具体的动态世界中理解一切。

情感是一种综合状态的反馈，而综合状态包含了很多相互关联的内容。就像语言自身的局限性，当我们试图用语言去描述一件事情的时候，就已经脱离了事情存在本身的语境。同样，我们很难将一种综合状态用明确及有限的抽象符号进行解释和表达。因为在尝试表达的过程中，会不可避免地忽略一些状态产生的背景和环境，变成了一种断章取义。

因此，在场景化思维中，我们不试图去分析和提炼，而是对具有前因后果关系的情境和状况进行理解和感受。

建筑设计最终提供给用户的是一个场景，一个设计师不在场的场景。建筑体本身成为交流媒介，代替建筑师向所有的使用者传递某种情感。无论是在感受过程、回忆过程还是假设过程，场景化思维都需要我们运用同理心，真实地经历感受。

情感记忆是印象在意识之前

当我们能够充分感受环境所带来的感动，敏锐地发现，并清晰地理解了自己的感受时，就要开始建立自己的情感记忆库。

设计师运用自己真实的情感记忆设计出一种符合现场环境、有特定情感的场景。这一步需要丰富的情感积累与生活体验。有时候，一件事情明明已经过去很久了，但我们依然感觉历历在目。这是因为记忆可以将我们经历过的一些人、事、物在心中重新建构影像。而情感的记忆则会在某种特殊的暗示或刺激下帮助我们重新拾起那些似乎早已被遗忘的经历和体验。

情感记忆很关键的一点是需要做到印象在意识之前。用场景化思维的方式来积累情感记忆是需要我们在发生事件时，记住一个综合状态下的感受和情绪。当我们感知到情感变化的时候，不要马上进行理性分析，而是先停顿一下，让自己充分地去感受此时此地带来的这种情感。我们常常习惯了遇事马上开展分析，抽离和拆解信息并自动假设各个信息点的重要性。而情感记忆中的任何具体信息应该是以感性认知的方式留在印象中。要做到这一点，我们需要有意识地训练自己打破惯性思维。

当我们记住一个场景的感性认知，而不是经过分析择取的某些具体内容的时候，这个记忆就同时留下了很多未被发觉的信息，日后再回想那个场景的时候，我们也许可以从场景中发现更多细节和当时无意识记住的内容。

情感记忆的调动

当我们对目标场景进行设计的时候，场景的目标情感成为了我们的索引。设计师按照索引，在自己的情感记忆库中收集自身的情感共鸣并调动相同的情感记忆。通过想象力进行相关场景的再现，然后进行理性分析，寻找这些场景中能够引发目标情感的因素。这个过程，我们将置身于自己的记忆和想象中，设身处地地去体验和理解。

在情感设计教学过程中，曾有一个学生，为了找到项目目标感受相关的记忆，重新去听他最喜欢的一首歌曲。虽然这首歌他从前听过许多遍，但在追寻情感记忆的过程中，由于感受的叠加，他重新被感动，甚至多次落泪。

还有一个学生在以"释然"这种情感为索引，进行情感记忆的调动时，讲到在祖母去世的时候她感到非常痛苦，但有一刻在老房子里打开木窗看到远处的景色时，忽然产生了一种释然的感觉。在我的追问下，她对这个场景重新描述了三遍，每一遍都有了更明确和细致的场景形容。在第三遍的时候，她描述了木窗的破旧，看到远处山上的植被，那一刻的光线穿过云朵的角度……这些场景内容，无论是她的记忆本身拥有的，还是其他记忆叠加的结果，都会对她下一步的场景设计提供素材。

我们从小通过在不同语境中学习各种词汇，熟知词汇的含义和使用方法。自己开始写文章时，首先建立中心思想，构筑能表达中心思想的故事情节。而后落笔时，会有意无意地调动大脑里储备的各种词汇。情感设计在很多层面上都需要我们在各种场景中获取饱含情感的信息点，并将这些信息点储备在我们的大脑中，成为设计过程中随时可以调动的内容。我们先把与目标情感相关的场景调动出来，再拆解出每个场景引发相关情感的重要内容。就像在写文章之前搜集词汇一样，这些内容为我们设计空间场景提供了可选的原料库。

4. 在时空中营造经历

建筑设计的过程其实就是在时空中精心营造经历的过程。

对于设计师而言，设计的过程不仅仅是用工作去解决问题，其实更是在发现自我，发现特定情况中的生活感悟。用身心投入这场自我发现的旅程，需要具备几个条件：

1）建立潜意识背景

任何一个项目都是独特的。设计师需要在前期的工作中充分理解项目及项目所在环境的背景、需求和特点，并把这些内容转化为感性认知。这些感性认知是创作过程中所有感性决策的潜意识背景，是设计语言的语境。

2）拥有目标意境感受

项目给予设计师原始的感受，设计师根据项目具体情况反复梳理这些感受，逐渐形成对项目完成产生意境的期望，并通过一步步具体化，让这些意境感受清晰和强烈。

3）可以专注地投入

设计师需要全身心地投入到设计过程中。只有在

途灵岛办公室空间，2014 年
Tuling Office, 2014

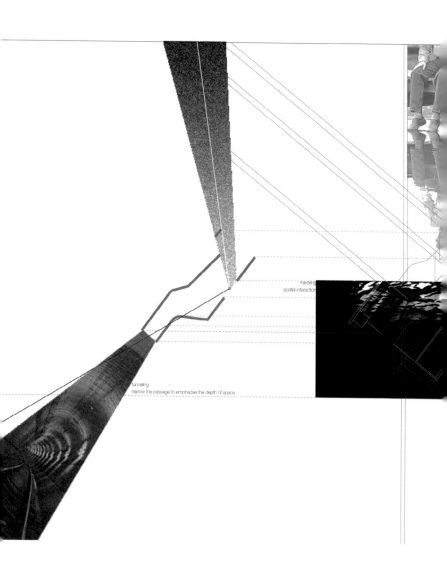

mirroring
spatial interaction

tunneling
narrow the passage to emphasize the depth of space

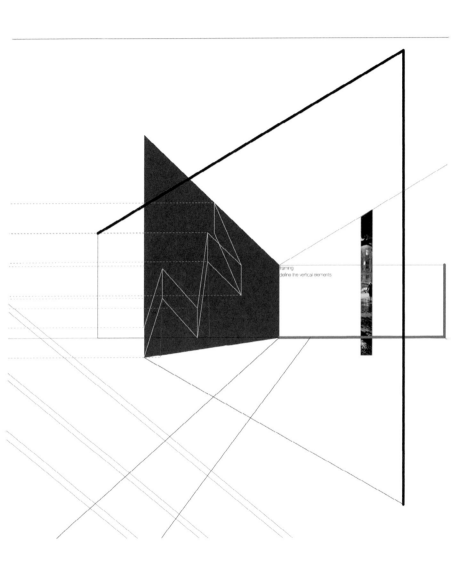

途灵岛办公室空间概念图，2014 年
Concept Diagram for Tuiling Office, 2014

最专注的状态下，想象力才会被最大程度地发挥出来。当所有感性认知被调动起来时，深入其中的体会才能带来真情实感。

4）能够熟练地运用设计工具和设计技法

当使用设计工具做设计就像用筷子吃饭一样自如，应用设计技法就像走路跑步一样熟练的时候，设计过程才能超越对这些基本功的关注。

5）有生活积累和素材储备

建筑设计来源于生活，依靠设计师的修养，最终超越现实生活。每一个设计的背后，都需要有设计师大量的日常积累做支撑。这包括设计师对生活常识和经验的理解，对材料技术的熟悉，还包括日常生活中不断去感悟的内在意识。

通过叙事理解时空的连续

很多时候，我觉得建筑设计过程中的很多工作像是在制作一部电影。

建筑空间会有什么样的意境？会有什么样的事情发生？人在其中会产生什么样的情感？需要通过什么样的场景才能产生这样的氛围？为了回答这些问题，设计师要像编剧一样写故事，要像导演一样设计场景，要像舞美一样搭建空间，要像演员一样去体验，还要像观众一样来感受。

在情感设计的教学中，我借用了一些电影制作的方法。其中一个很重要的步骤，是让大家写故事、画分镜。

建筑设计中一个常见的误区是将设计目标限定在建筑围合体本身。很多设计师拥有熟练的应用形式语言的技法，可以快速地建构出丰富的形体，并让自己不自觉地陶醉其中。这些技法就像一匹可以飞奔的野马，然而设计师却不知道如何驾驭它。

写故事，可以让学生们跳出对物理构筑物的执念，把注意力转移到人和项目的内容上。

人对故事都有着本能的喜好，人们对一个故事的记忆程度远远超过对一个简单事实的记忆。情感设计过程中利用写故事辅助设计思考时，需要考虑以下三点：

S　一个故事需要有人物、场景和情节，作为基本元素。

E　一个好故事需要具有真实性、简单性和情感表达。

T　贯穿一个故事最重要的线索是时间。

这些内容也是建筑设计过程中设计师要考虑的最核心的内容。在训练写故事的过程中，学生们会对项目的目标使用者有更多的了解，而这种了解会基于一个动态发展的线索，最终形成一个对生活状态和行为的假想。

通过分镜来想象场景的意境

写故事能够帮我们开启思路，但作为设计师的我们更需要通过图像来进行表达。我在教学过程中非常重视分镜的应用。分镜成为辅助整个设计过程的一个重要工具。

什么是分镜？分镜（storyboard）又叫故事板，有人称它为"连续性的艺术"（a sequential art）。分镜在电影制作过程中可以帮助团队成员对场景有更直观地了解，从而建立共识。在我们情感设计的教学中，分镜可以帮助学生自己梳理思路，记录设计的思维过程。同时，分镜很重要的作用是能把一个大目标拆分成很多小任务。当项目大的意境目标不好把控的时候，我们可以应用分镜把项目拆解成一系列的场景，通过设计每个场景的气氛而一步步形成大的氛围环境。

常规的设计方法中，功能会通过一项项独立的指标表达。设计师的设计过程是将这些指标进行排列组合。在情感设计的过程中，我们是在各种功能中提取核心场景，通过对项目和使用者的理解重组场景，然后对这些场景进行设计。比如在一个别墅的设计过程中，常规设计考虑的是卧室和厕所应该安排在什么位置。而在我们的设计中，我们想象的是睡觉、起床、更衣、洗澡、上厕所的时候男女主人各在什么感觉的场景中。

在设计伊始，分镜的内容是对这些场景意境意向

分镜必选场景

1. 城市环境中
2. 在路上
3. 庭院内向内
4. 庭院内向外
5. 房子内向内
6. 房子内向外
7. 在海滩
8. 从海滩回房子

www.weiarchitects.com

情感设计 - 魏娜
Emotive Design
by Na WEI

a series of more than
six scenes:
city scene,
Hutong scene,
yard scene,
interior scene,
touching details

www.weiarchitects.com

上图：学生作业（作者：Joker，咧咧，钟诗珂，Patty）
Student's Homework

下图：学生作业（作者：Jose Andres Coba Rodriguez, Kefan Khuo, Sou Fang）
Student's Homework

关于分镜

1．构思框架：
时间轴、重点情节、表达内容

2．制作过程：
模板、重点内容、填充

3．思考内容：
目标、情绪、过渡

www.weiarchitects.com

情感设计 · 魏娜
Emotive Design
by Na WEI

→
转场内容
原因
或
注意事项

分镜内容　　　　　　　　　　　　编号

具体内容：情节、情绪、空间需求等

分镜内容　　　　　　　　　　　　编号

具体内容：情节、情绪、空间需求等

www.weiarchitects.com

分镜模版
Templet for Storyboard

的表达，成为指导设计进一步发展的方向。随着对项目一步步的具体分析，分镜的内容会一步步调整。同时，结合感受路径的推进。分镜会逐渐具体化，从意境的意向，演变到一个个具体场景内容的表达。

电影里的分镜最重要的组成部分是时间轴和关键帧。而作为情感设计的辅助工具，这里的分镜最重要的是感受路径和核心场景。我们需要通过对感受路径和路径上的核心场景的设计，逐渐产生建筑体的设计。所以在应用分镜这个工具进行设计的时候，一定要明确哪些是起控制性作用的关键场景。同时，头脑中一定要有意识地理解场景和场景之间的关系。就像画一根虚线一样，我们的分镜内容就像虚线中一个个显现的点，它们和它们之间的空白共同构筑了一条有明确走向的、连续的故事线。教学过程中，我在电影分镜的基本指导（wikihow）的基础上，改编制作了情感设计分镜的步骤图和制作模板，帮助大家理解作分镜的方法并抓住对设计有帮助的重点内容。

在设计结果的最终呈现中，我会要求学生们做一组场景再现的效果图表达，以呼应最开始做的分镜中所呈现的场景。这是对这个思维方式体会过程中的一个自我验证和反思的过程。

在实际项目中，我们会在设计方案阶段做一系列模型效果图，或路径动画，来检验是否获得了预期的情感效果，以此与业主进行沟通。在真实建

学生作业（作者：Triangle，层嘻嘻，王菲）
Student's Homework

完的项目中，我们更关心的是人的动态经历，检验动线和视线的设计是否达到了预期的效果，使用者在建筑环境中的情感经历能够达到什么样的程度，以此来完善和扩充我们对于弥漫空间，对于情感设计的理解。

其实场景再现的方法不仅仅可以用在结果呈现中，它更应该在设计过程中不断应用。在以场景化的方式进行设计推进的时候，我们随时可以将设计结果进行场景再现，并通过感同身受自我验证。也可以请小组或其他人帮忙验证设计是否能够给人带来预期的感受，从而调整设计的方向。

在生活中，我们和别人交流的时候，也可以应用感同身受的原理。在大脑中进行场景再现，然后对场景进行描述的同时，站在对方的角度理解和体会场景带来的情感，从而调整自己的描述。场景化的思维可以帮助我们更好地传递信息，也可以积累和储存自己的情感记忆，为今后进行设计过程中需要调动自身经历的记忆作好基础准备。

通过感受的路径来组织场景

我们把复杂的建筑功能设计拆解成可以完成的小任务，碎片化成一个个小场景的分镜叙述。在每个小场景中满足情节、情绪和空间需求。那么感受路径的设计就是将整体连接起来的关键步骤。

感受的路径和我们平时常见的流线分析不一样。这也是我在教学，甚至工作室实践中遇到最多误解和产生分歧的地方。我们常见的流线分析是把现有情况或设计结果的使用方式简单地表示出来，具有滞后性。而情感设计中的感受路径则是在设计过程中为各种场景组合起来提供时间和空间上的具体线索，是一个不断进展的设计过程。

我喜欢将路径分成远近关系两条线索。

一条是动线，人在空间内的行进线索。动线是在以使用者的行为为中心，研究一系列空间移动和行为过程中产生的各种感官变化的场景。比如由入口的路径转弯去大门的过程中出现了什么场景。在动线的研究中，设计师需要考虑人行为的特征和相应的心理活动。比如人喜欢走捷径，所以发生转弯的地方一定是需要原因，同时也就需要有相应的场景设计。再比如，什么样的路径可以让人加快行进速度，而什么样的场景可以让人愿意停留。

另一条是视线，人在空间内的视觉线索。视线是以使用者的视觉为中心，研究和动线平行但又通过视觉关联的场景。视线是研究远近大环境与使用者经历的小环境之间的动态关系，也是研究同时在场的不同使用者之间的关系。比如路径转弯处，可能是使用者看到了前方某个可见又不可达的场景于是决定转弯，也可能是因为看到路径引向的右方远处有某个暗示入口的场景。在视线的研究中，设计师需要考虑视野范围与建筑形体的关系，视觉距离、清晰度与场景尺度的关系等。比如人在多少米的范围内可以看到物体的轮廓，多少米以内能够看清楚更多的细节等。

动线与视线相互关联，平行、交错或阻断，互相作用，共同组成感受的路径。

我们前面讲到人的感知是有惰性的，人也是充满好奇心，并具有探索精神的。同时，当具有一点挑战的探索得到及时的回报时，人们又会产生情感上的触动。就是我们常说的"小确幸"。在感受路径的设计中，设计师可以充分利用各种心理知识，激发人的情感感受，锐化人对环境的感知，设计各种人和人交流的机会。对感受路径的设计需要在几个不同尺度上进行，从考虑大环境开始，结合分镜的设计一步步深入，和分镜一起不断调整推进，成为辅助完成建筑整体设计的重要工具。

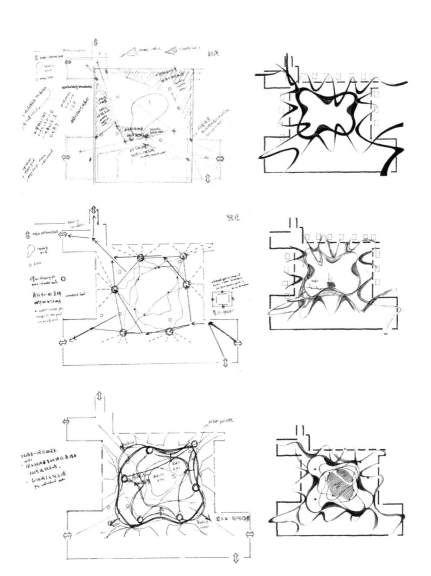

WHY 酒店设计草图，2015 年
Sketches for WHY Hotel, 2015

WHY 酒店 , 2015 年
WHY Hotel, 2015

通过选择形式和材料来物化场景

建筑设计毫无疑问最终会落到形式和材料的选择上。

在情感设计的过程中，当我们在意境方向上有了明确的把控，又将空间的设计转化成场景的设计时，我们在形式和材料的选择上就已经有了一定的方向。

我在耶鲁上学的时候，曾经做过一个尝试：把建筑设计等同于一种语言，用建筑语言翻译并再现《恋爱的犀牛》。我首先从剧情中总结出一系列关键情感词汇，然后用这些词汇做索引，找到各种可以和情感对应的空间形式、材料及颜色，组成了一部建筑语言的字典。然后根据戏剧的剧情，如同直译一样，用一一对应的方式将各种空间重组，构成一个建筑空间。

显然，那个时候我还在通过拆解和推理进行形式语言的研究，就像小学生学习一个词的用法时，先从强制用这个词造句一样，还只是在很初级的认知阶段。

在情感设计的教学过程中，我会让学生同样经历这样一个学习词汇的过程。用情感目标的关键词作为索引，寻找情感记忆中的各种场景，分析场景中的各种组成元素。然后将影响目标情感的元素提取出来，组合成一套和目标情感相关的元素列表。形式、材质、颜色、家具、

About RELAX
Bath Tub

Architecture

Translations

Emotion

English-Architecture Dictionary

Chinese

我静静地躺在床上，
衣柜里面挂着我的白天；
我静静地躺在床上，
墙壁上面落着我的夜晚；
我静静地躺在床上，
床底下躲着我的童年；
我静静地躺在床上，
座位上留着你的温暖。

杯子里盛着水，盛着思念，
窗帘里卷着风，卷着心愿，
每一次脚步都踏在我的心坎上，
让我变成风中的树叶，
一片片在空气的颤动中瑟瑟发抖。

我要用所有的耐心热情，
我要用一生中所有光阴，
想着你，等着你，我的爱情。

English

I am softly(silently) lying on the bed,
in the wardrobe is my Day(daytime) hanging
I am softly(silently) lying on the bed,
on the wall is my night dropping (objecting) on,
I am softly(silently) lying on the bed,
under my bed is my Childhood hiding
I am softly(silently) lying on the bed,
on the chair is your warmth remaining

the cup contents the water, contents the miss
the curtain wraps the wind, wraps the wish/hope
every footstep(footfall) all steps on my deep heart,
let me become the leaves in the wind
A piece and another shakes(trembles/shivers) along with
the flickering air

I will use all my patience and ardor(fervor/passion),
I will use all my time of the whole life,
Missing you, waiting for you, my love.

情感字典
Emotive Dictionary

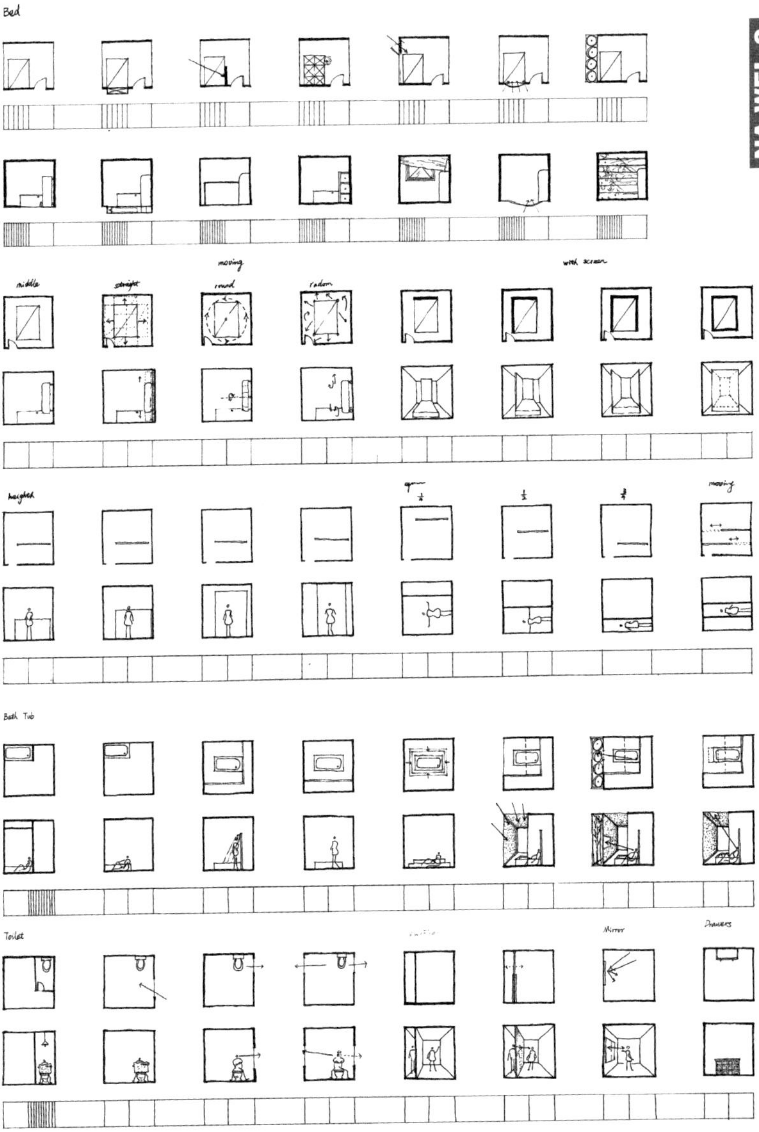

Bed

middle   straight   moving round   radom   wind screen

hanghed   moving

Bath Tub

Toilet   Mirror   Drawers

光线、声音、气味、甚至是温度，所有可以辅助营造气氛的内容都被拆分出来，作为特定情感的对应词汇，汇聚成一部词典。当我们需要找到场景中可以引发特定情绪的元素时，就可以从这个字典里调取合适的词汇来帮助我们构想目标场景。

正如整个情感设计里引入的各种步骤和方法，这些内容只是体会思维方式时的辅助工具。目的是训练自己对形式语言与情感关系的敏锐感知，并养成日常生活中积累创作素材的习惯。

当我们有了积累的意识，并渐渐将这些素材融入到我们的感性认知的时候，就可以扔掉拐棍，自由地向目标飞奔了。

5. 在感性与理性之间反复迭代

设计师往往兼有理性和感性的一面。在通常的教育中，我们一直在学习理性分析和推理的方法，但感性部分却并不熟悉。从感性出发需要我们抓住本能的感性认知。对于很多设计师来说，经过有意的自我提醒，做到这一步并不难。但是，经历一系列理性分析之后再回归感性决策，对很多人来说则是困难的。这是一个坎，需要在一次次尝试中不断体会。

潜意识的灵感与有意识的技法

在创作过程中，我们经常会提到灵感这件事。灵感是一种潜意识参与设计的过程。然而，潜意识和意识之间有着非常有趣的关系：我们每个人都在潜意识和意识之间徘徊。当我们有意识去做某件事的时候，潜意识就"退居二线"。

回归感性设计需要我们激发潜意识的参与。美国心理学家马尔茨，对意识和潜意识有一个非常好的形容：他们就像是巡航导弹，意识制定目标，然后潜意识就会自动调动力量，朝着意识制定的目标而去。

通过梦来理解如何激发潜意识参与设计

"悬"——2013 年北京设计周竹钢装置 ， 2013 年
Floating – Bamboo Steel Sculpture, 2013

我们每个人都做过奇特的梦。有一次我做梦梦到了一个非常丰富、细致和真实的空间场景：它由很多小而繁杂的空间、通道等组成。各种装扮的人在不同的空间进行着各种有趣又夸张的事情。有人狂欢、有人恐慌。醒来回想里面的各种场景，发现很多内容都是过去一段时间见到、听到或者思考过的内容。然而在梦里，这些内容是以一种奇妙的方式组合到一起。这种组合方式是我在有意识的清醒状态很难或至少需要很长时间的斟酌才能做到的。其实，我特别喜欢利用做梦来帮助设计。将背景信息都建立以后，在睡觉之前闭上眼睛将整个场景在大脑里重新回放，然后在重现的过程中渐渐进入漫不经心的游荡阶段。很多时候，一觉醒来就会产生一些记得清或记不清的有趣组合。

我们做梦的时候，经常会出现很多清醒的时候想不到的场景。而这些场景里面出现的所有元素，又都是我们清醒状态下有意无意地记住的各种碎片化信息。我们无时无刻不在进行着收集信息的工作。大脑擅长将这些信息拆解成不同的点，并根据自己的理解重新组合。而经过有意识重组的信息，将会更容易被我们记住。激发潜意识参与设计过程需要在大脑中储备大量的相关信息，并且这些信息大都是以深刻记忆为基础储存大脑之中。这也就是为什么在我们的情感设计中会有大量的理性分析内容。这些理性分析有些是我们在过去学习和实践中习以为常的。有些可能是借鉴了其他艺术领域的方法。这些分析的目的是帮我们将信息变成感性的认知，从而架构一个潜意识背景，为设计过程中的感性决策提供一个丰厚的基础。

建筑设计，从最开始的实地考察、业主沟通、方案设计，到图纸交付、建筑实施，甚至到最终的建筑使用，整个过程充满了不确定性。需要建筑师在多种选择和海量的信息里，作出感性的决策。在感性决策之后，需要理性地进行分析和验证，然后落实到设计语言或解决方案中，或者重新回到决策过程。情感设计的思维过程就是这样在感性和理性之间的反复切换和迭代。从感性出发，经过充分的理性分析之后，再回到感性的决策。

教学过程中，我会根据设计作业的一步步推进过程引导学生进行不同点的练习，这些训练点会交错反复，同时根据项目的不同和每个人的具体问题而作出调整。在整理成文章的时候，因为写作是一种线性的表达，我只能将这些训练点列出来，但希望大家能够理解它们之间的关系是非线性的。

情感设计大致包含的步骤：
了解项目场地环境，
体会自己产生的直觉感受，
用抽象的语言提炼感受，
非具象的画面理解感受的场景，
对项目环境、背景信息和功能需求进行分析并融入感性认知，

对业主／使用者进行研究，

提出设计的情感目标，

通过叙事方式进行场景描述，

通过分镜进行场景设计，

调动情感记忆选择场景素材，

设计感受路径，

进入综合状态的感性设计，

通过场景再现进行设计的自我验证。

体会情感设计，大家需要运用 ILSEI 的方法，按照上述的步骤，在项目设计中进行多次训练。训练的最终目的，是打乱甚至忘记上述的步骤，直接进入感性与理性、"阴""阳"平衡的境界：从情感出发，经过理性的支持，最终回到感性决策的过程。需要再次强调的是，情感设计的目标是建立人与建筑之间的情感联系，而不是一个需要严格遵守的方法理论。否则又会陷入到重视方法而迷失目的的情况。

"悬"——2013 年北京设计周竹钢装置，2013 年
Floating — Bamboo Steel Sculpture, 2013

3

表达／
实践探索

"We must have an emotional reason as well as a logical end for everything we do."（对于任何一件事，我们都必须同时具备感性的原因和理性的结果。） [13]

-Eero Saarinen①

从 2009 年我们创办公司时，我就在思索"弥漫空间"这个理念。在我们过去这些年所有项目里，都可以看到这个设计理念的延续，每个项目都有这条隐形的线在贯彻这个理念。

在整理过去的作品时，我们时常发现很多项目都无法找到一张标志性的照片或效果图来代表整个设计。我们也多次面临难题：建筑媒体需要只通过一两张图片来报道项目，我们却很难挑选出来。

我却认为这不是一件坏事。弥漫空间本身就不是有关形式，我们的设计结果是一系列的经历和随之产生的情感感受。那么设计的表达自然无法像创作一幅画或者一个雕塑一样，通过简单的几张平面图像体现。于是，在呈现项目的时候，我们就需要通过一系列的图像去讲述一些场景，希望观者能发挥想象从而能感受其中。

每个项目的设计都不可避免地体现了设计师创作时的个人精神状态。理解一个项目，离不开对项目产生前后设计师所处场景的体会。因此，在介绍项目设计过程的同时，我也放上了一些在项目同时期进行的随想，作为每一个项目的设计背景。

由此，以下每个项目的介绍都由三个部分组成：

发生前：项目开始前或开始时，我所处的状态或所进行的思考。

设计中：项目进行时，我们根据项目具体情况进行的研究和采取的设计方法。

呈现时：项目最终产生的场景。

① Eero Saarinen 芬兰裔美籍建筑师和工业设计师。代表作包括华盛顿国际机场、纽约市的 JFK 机场的美国纽约环球航空公司飞行中心（第五航站楼，2005 年被认定为美国国家历史名胜），以及在美国密苏里州圣路易斯市的标志性建筑——西部之门。

SongMax 女装店
（2009 年）

《欲望都市》中真我的风采

在纽约市生活和工作的那几年，我被纽约大都会的包容性所吸引。无论是在东村、Soho、Chelsea，还是在布鲁克林、布什维克，随处可见各种个性十足的人。有人奇装异服，有人严肃保守，有人开朗阳光，也有人谨小慎微，但每个人都可以做自己。大家可以从容地做着特别的事而不会引来旁人的指手画脚。

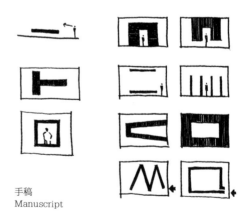

手稿
Manuscript

我曾经对美剧《欲望都市》(Sex and the City)中叫作"真我的风采"(Real Me)的一集印象很深。主人公 Carrie 应邀作为真实生活中的人，加入到专业模特中，去参加纽约时尚秀的走秀。以这件事作为线索，故事讲述了几位闺蜜在生活中受到了各种挑战。她们相互支持，最终各自战胜自我。最让我感动的是结束的那一幕。Carrie 将象征挑战的珠宝内衣放进家里衣橱的抽屉里。衣橱是一个窄窄的小通道的一侧，通道的尽端是盥洗室的门。Carrie 合上抽屉，脸上洋溢起自信和满足的微笑。她快速地一转身，用走秀的方式，一步步走进盥洗室，然后轻快地关上门。故事以"重新回到真实的自我"的画外音结束。

小小的通道就是属于 Carrie 自己的秀场，而盥洗室的门代表了她对自我空间的绝对自主。我们每个人都可以有一个完全属于自己的舞台。那应该是一个私密而亲切，让我们感到安全又自信的空间，同时，它也给我们机会，让我们能打开心扉，绽放那个真实的自我。

商业空间中的中国园林

SongMax 女装店项目是为一家全新女装品牌设计的展厅和概念店。SongMax 品牌定位是为 30 ~ 40 岁的成功职业女性设计的职业装。

项目的设计过程分为了两个阶段。第一个阶段是为品牌策划未来一系列店面空间的整体视觉印象。第二阶段则是需要在最短的时间内，将原来一间样板制作工作室改造为服装店的展厅和概念店，作为以后店面的样板。

要改造的这个房间是在品牌的设计工作厂房里。房间靠近建筑主入口，是厂房里做的一个夹层的一层空间。所以房间不高，净高不到 3 米。房间只有 78 平方米，对外仅有的两个开口，一个是大门，另一个是细条窗，都集中在了房间面向建筑主入口大厅的位置。

业主认为这个空间太矮小了，设计的时候一定要尽量开敞。然而，我认为使这个空间感到矮小的并不是房间本身的条件。人们来到这个房间的路程是需要从一个开阔的艺术园区的户外，进入一个十几米通高的大厂房，然后从如此高大的空间直接钻进这样一个夹层空间，自然会有很大的心理落差。所以，恰恰是进入这个房间时，如果一目了然，反而让人确实了这种落差。

在项目第一阶段的总体设计过程中，我查阅了国内外很多关于商业空间的行为心理的研究，了解顾客在商店里的行为模式。"逗留时间"是一个商业效果的重要衡量标准。顾客停留的时间越长，消费的可能也就越大。但是前提是，顾客停留期间的经历是通畅和愉悦的。

这让我想起小时候在中国园林里的经历。中国传统园林中，通过对空间的先抑后扬，对路径的引导与转折，对视线的叠加与遮挡，精心设计了不间断的惊喜。每一步的诱导和对下一步保留的不确定性，引发了人对空间感受的变化，让游历的过程变得十分有趣。时间随着经历的丰富而被人遗忘。

我希望 SongMax 的空间里也能给人一个丰富的体验过程。我做了一些空间结构上的改变，把原本是一览无余的小空间，变成一个需要慢慢游历，不断探索来感受的地方。把设计重点放在了一个连续经历的营造上。衣服成为视觉的线索，而真正的核心是顾客。围绕着一个既可以非常私密，又可以成为展示核心的 L 形空间，设计了可以探索的路径，和一系列视觉游戏。把顾客个体作为空间的焦点，设计顾客可以表达和感受的各种场景，通过建立人和空间的紧密互动关系，从而建立顾客和商店的情感联系，激发情感的共鸣。

想要建立建筑与人的情感联系，就意味着，建筑设计的任务不再是去设计任何具体的形体，而是去设计可以让人体验的空间。

其实，建筑设计的过程就是在时空中精心营造经历的过程。

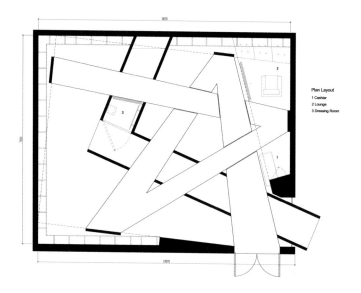

Plan Layout
1 Cashier
2 Lounge
3 Dressing Room

改造前和改造后
Before and After

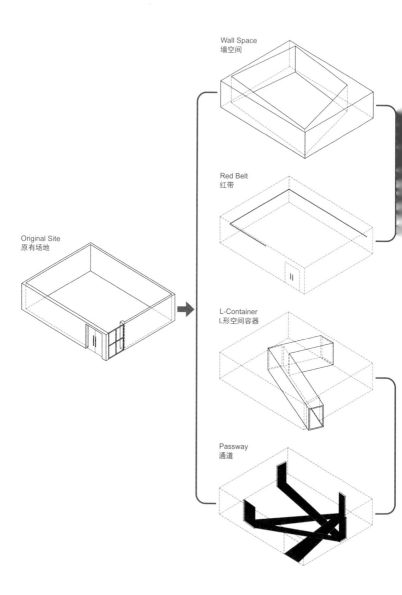

Wall Space
墙空间

Red Belt
红带

Original Site
原有场地

L-Container
L形空间容器

Passway
通道

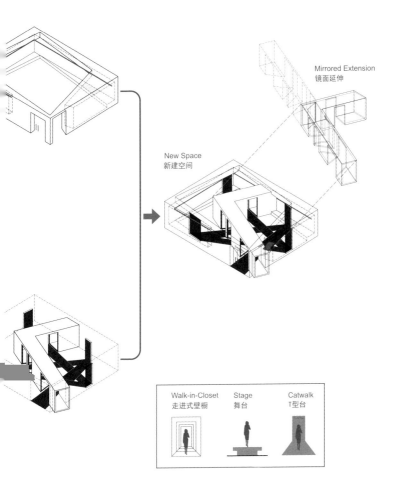

Mirrored Extension
镜面延伸

New Space
新建空间

Walk-in-Closet　　Stage　　Catwalk
走进式壁橱　　舞台　　T型台

一个关于"遇见"的故事

我对设计结果总是有一个模糊的预期。我相信很多设计师都会有同感：当我们做出一个好方案的时候，我们自己是可以感知到的。因为那个方案达到了我们在探索方案前，脑子里那个模糊的预期。

在设计 SongMax 项目的时候，我进入了一种创作的兴奋状态。我记得，在项目进展了几个月的某一天，我坐在电脑前，不停地做方案，又在用设计方案实现一个想法以后产生新的想法。不知道时间过了多久，当做到现在这个方案的时候，我很确信地得到一个感觉，这个方案就是"对的"那一个。

那么那个预期是什么呢?

我为 SongMax 项目想象了一个关于"遇见"的故事。

她本来漫无目的。

深灰色的通道似乎在牵引她走入商店。

钻过一个狭窄通道空间，她发现灰色通道指向了一件件精美展示的服装。

她沿着通道，钻过一扇扇门，一路上很多发现，让她禁不住顺手拿起一件衣服，走入试衣间。

看到镜子里的自己穿着精致的衣服，她感到一种满足和一种展现自我的欲望。

推开镜子门，试衣间被延展到整个狭长通道里。而这个通道就是一排被加深的橱窗。

她成为了橱窗的焦点。

在商店外，匆匆经过的人潮中，他正转身看向橱窗。

此时此地，他们遇见了。

Inside:
She dresses up in the fitting room.

Inside:
She pushes the mirror door

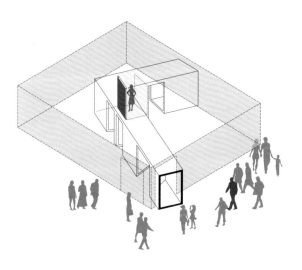

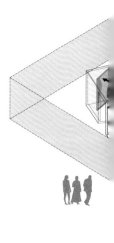

Outside:
He walks alone on the pedestrian passage.

Outside:
He lifts up his eyes and notic

n the elevated stage.

Inside:
She examines herself in the mirror and sees his reflection.

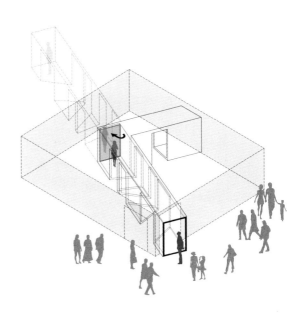

window.

Outside:
He looks into the mirrored space and finds her.

日照
规划馆
（2009年）

打破空间边界的时空

在一段时间里，我一直关注建筑界关于"物体（Object）"和"空（Void）"的各种讨论。关于Object 的指向，英文其实表达得更准确。Object不仅仅表达物品，还有目标、客体的多重含义。而在英文里，反对建筑成为 Object 的时候，综合了上述所有含义。

然而，Object 和 Void 并不是非黑即白的关系。我不相信有绝对的 Void，就像我不希望有绝对的Object 一样。二者都在讨论同一种极端，而忽略了人的参与。

当人们提及 Void 的时候，在指什么呢？那充满了空气、水雾、阳光，或许粉尘的那块三维的所谓的"空间"吗？还是指那片人们可以进入其中并自由、自我地活动的地方？还是仅仅为了相对于那些我们叫作 Object 的、那些我们只能置身其外观看或触摸的物质密集团？

《LGS2017/0915》沈志民，2017 年
LGS2017/0915, Zhimin Shen, 2017

"物体（Object）"和"空（Void）"之间的对立，部分是来源于对边界（Boundary）的处理。在关注物理边界本身之外，我相信空间边界只有在人穿越时才显现地产生意义。因此，边界不应该是简单的一座静态物理墙体，边界应该是一系列的感知经历。通过在这个穿越过程中对条件（Conditions）变化的感知，建筑才被本质性的感知赏识（Appreciated）。在我的设计中，我一直在探索如何使这种过渡时的经历更丰富和引人入胜（Intriguing）。

如果说传统的建筑元素有一种集权特性，我想建筑的入口可能是一个最具权威的构成部分。建筑"入口"产生的前提是建筑有一个明确的边界，而"入口"即为突破这个边界的唯一开口。进入建筑成为一个由"外"变"内"的瞬时动作。

我想作一种尝试：将一个"进入"的动作转化成一场感知的经历。将设计的目标从设计形体变成设计经历的层次（Layers of Experience），创造可以让人体验（experience）的空间。我希望我的设计能够激发使用者对所处环境有更多有意识的感知（appreciation）。这种追求指导了我在设计过程中对物质和形式的考虑。而这一系列为创造各个层次的经历而对建筑空间进行的设计，最终产生了建筑实体。

雕刻阳光

这是我在 2009 年的时候为山东省日照市设计城市规划展览馆项目竞赛而做的设计。

第一次去现场的时候，业主对我说：基地就是一片空地。

那天天气特别好，阳光明媚。这个项目基地在日照市距离海边不远的地方。海滩很开阔，风景优美，有很多游客，还有很多盛装的情侣们在沙滩上拍摄婚纱照。经过无人无车的大马路，跨过一条荒草丛地带，一大片空地呈现在我面前。这就是基地，平整开敞，充满了阳光，有阵阵海风穿过。

我走入基地，基地的阳光马上变成了我的形状。海风吹在我身上随即就改变了方向。我感觉自己就像海里的一条鱼。鱼和水无时无刻不在接触，相互成就最有趣最亲密的界面，又随各自的一举一动而不断变化。其实，我们也一直被弥漫的物

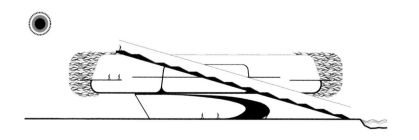

质所围绕，阳光和空气时时刻刻在与我们发生着互动。是我们太习以为常而视而不见了吗？

其实，我们人对自然环境有着与生俱来的直觉感受，这种直觉感受超越我们常说的五感。但是人的感知同时也是有惰性的：长时间处于同样的环境中时，人会丧失感知的敏锐度。我们需要一些变化的条件来锐化我们的感知。比如，当阳光和空气无处不在的时候，我们会忘记它们的存在，而当阴影出现的时候，我们反而才能看到阳光。

所以在这个项目里，我决定通过"雕刻"阳光，来塑造建筑空间。如果，水就是鱼的"空间"，那么，阳光就是我的基地。

水虽然是无形的，却可以雕塑实体；光虽然是无界的，却可以勾勒边影。

于是，我把阳光作为一个三维的实体基地，利用"雕刻"阳光来制造具有标识性的区域。我设计了被抬高悬挑的建筑，它由三层环状空间构成，最外层一圈是有波浪状镂空围栏的阳台，中间一圈是透光的玻璃房，最里面的核心是规划馆完全封闭的影视厅，从外到里封闭程度逐渐增加。建筑从外向里，从镂空、透光到隔离，逐渐变化。

将一个动作转化成一场经历

虽然大多数建筑体本身是固定不动的，但我一直希望建筑空间与人之间是一种互动的关系。这就意味着，建筑的界限不是简单的一座墙。建筑的界限应该是一系列可以让人产生感知变化的场景。

在常见的围合空间里，进入建筑是这样一系列片段性的动作——走到门口，打开门，从门走进去。在日照规划馆这个项目里，我尝试将"进入"这个动作转化为在六种不同条件下的感知经历。"内"与"外"的边界，大环境到小环境之间的界面，建筑的围合不再是生硬简单的墙体，而是与光影互动的一场渐变的过程：

随着太阳一天中的升起降落，悬挑建筑在宽阔的活动广场上，留下不停变化的光影。波浪状镂空的外结构在地面上产生斑影，作为阳光普照的广场和建筑阴影之间的过渡，成为人们进入建筑区域的一种虚边界。

当人们从阳光明媚的广场走到镂空外结构在地面上产生的花斑影中时，人们虽然还在户外，但已感觉建筑空间的存在；

从花斑影走入实影，对建筑的感知进一步被明确；

顺着楼梯，走到主建筑最外圈的镂空阳台，人已在建筑里了，却仍然可以沐浴阳光和海风；

走到建筑的第二圈玻璃房，阳光虽在，但海风的触觉已经没有了；

最终人进入建筑核心影视厅的时候，完全进入了人为的建造环境。

"进入"这个建筑，在这里，不再是穿过一个明确界面的片段性的动作，而是被转化为一系列自我体验的过程。

人在这样一系列的经历中，体验与建筑一步步亲密的过程。同时，一步步感知自然，更是一步步感知自己。

WHY
酒店
（2015 年）

我在下雪的北京

我从小在北京长大。下雪的天气对我总有着一种莫名的感染力。

北京的冬天有一种沧桑的干脆。雪降临之前，天空就会变得灰暗和低沉。小时候有一次天忽然变得特别暗，让人感到不安。忽然，几个真的像白色羽毛一样的雪花晃晃悠悠飞下来，让不安变成了喜悦。然后，当越来越多，越来越大，越来越密的白色"羽毛"，遮住灰蓝色的天际线时，欣喜之外又带来了一种安全、归属的感觉。而雪后，白色覆盖下的北京更加简单豁达。

记得 2009 年在琢磨"弥漫空间"的时候，有一次我遇到一场大雪。密集却又独立的雪花，如同数不尽的坐标点，充满了窗外那个无限的天地之间。一阵阵风吹过，这些点状的个体形成一组一组，随着不同的气流，用不同的规律，飞向不同的方向，生成一个个白色的漩涡。每朵雪花用自我的运动

而展示着自身的存在。一层层的雪，一直漫及无限的远方。忽然之间，平时被人忽视的这个巨大的"空"间，变成了一个可见、可量，甚至可触的实在。我被大自然塑造的这种远近明晰而又充满变化的空间所陶醉。如此伟大的杰作，是我们建筑师永不可及的。

一种无形却无所不在的空间，一种包容但和人互动时就会与众不同的空间。我们的建筑是否能创造这样的空间？

隐藏与探索之间

WHY 酒店是一个改造加建的项目。这里原来是卡通主题的温泉农家院，离高速路很近，旁边是一个制作玻璃的厂房和一个养猪场。业主希望我们能将原有的含 20 多个客房的几排砖房进行改造，并在当时作为停车场的 300 多平方米的地方加建一座房子。按照原有标间大小和一室一院的模式，这个要加建的房子刚刚能切分出 7 间独院标间。作为私汤温泉酒店，改造后的酒店要满足每套客房都有自己完全私密的户外汤池，并尽量让客人进入自己院房的过程中就能感到私密性。

站在农家院干枯破旧的池塘旁，我想象一个什么样的环境能让人感受到暂时远离了喧嚣的休憩，完全放松又沉醉？

温泉热腾腾的蒸汽从下而上，冰洁的雪花飘洒在空中，越来越密的竹林四周环绕，竹林间隐约可见几个小房子散落树梢。在这样一个内聚的院落里，一个丰满又丰富的环境，没有任何一个凸显自己的物，没有级别带来的主被动的关系，人和这一切在天地之间融合，和谐、安静又充满力量。

我希望这里是一个能够创造和承载无尽的个人感受的地方。只有身在其中亲身体验，才会发现独有的惊喜和感动。

在整个环境的打造过程中，我们先从原有院落空间的分析开始，很仔细地研究了现有地块的物理条件，包括日照条件、与周边建筑的关系。我们将人自然的行为路径及心理感受做一系列的图形解析，了解已有建筑布局对人的影响和作用。在这个分析的基础上，我们设计了两种路径：一种是环绕中心开场公共区的环路，满足主要流线的便捷与通畅；另一种则是编织在主要路径之上，穿梭于竹林间，引导客人进入每一个独院的小路。路径看似是随意的曲线，其实是设计团队用了两个月不停地调整，精心设计的。

中心开敞区域是温泉泳池。从中心向四周发散，是越来越密的竹林。除了温泉的蒸汽，竹林里还设置了喷雾系统，以辅助维护竹子的常年稳定的湿度。竹林和院子的边界是一周波浪起伏的围墙，用竹木材料竖向叠错地搭接，以作为竹林的延续。从竹林到围墙，由疏到密，创造的是一种由空间到空间界面的渐变过程，同时又满足了围挡和划分私密空间的功能需求。

改造前和改造后
Before and After

从建筑功能方面考虑，私汤酒店每个带独院的房间其实和隔壁的房间是没有必然关系的，我更希望建筑体本身能够体现这种独立的关系。我们通过严谨的功能场景分析，把每座小房子需要的基本功能空间独立出来，找到最经济合适的尺寸和内部布局：卧室空间、厕所空间、户外私汤池空间，还有可以用来冥想的茶室空间。每个基本功能场景都变成一个标准组块。然后我将七组组块凭感觉，似乎任意地分布在原定加建房子的三维空间里。在这一步，我努力再现我以前对这个场所的模糊预期。当我们在现场体会建筑时，我们会发现，在这些基本功能体块之间的空间，那些看起来随意产生的地方，恰恰可以让人产生各种因人而异的惊喜。

无论是视线上的阻挡还是空间的分割，不应是通过简单的一刀切方式实现。我们希望通过设计隐藏和探索的线索，让客人在一系列的空间体验中，体会酒店提供给客人的私密性和舒适性。

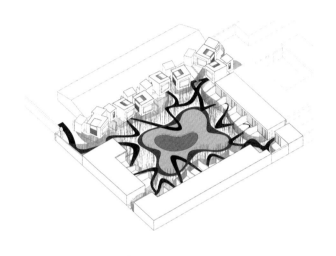

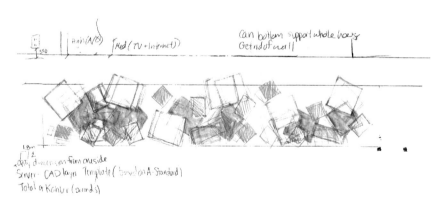

Home (A/V) Med (TV + Internet)

Can bottom support whole house
Get rid of wall

1.8m

verify dimension from outside
Server - CAD layer Template (based on A-Standard)
Total of Kanur (brands)

手稿
Manuscript

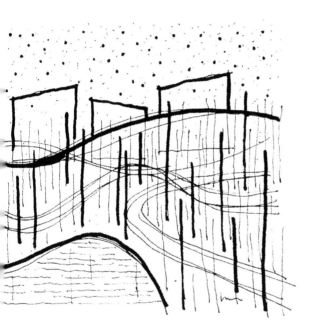

自我演绎的场景

其实，建筑设计最终提供给用户的是一种场景——一个设计师不在场的场景。建筑体本身成为一种交流的媒介，代替建筑师向所有的使用者来传递某种情感。

我在实践和教学中一直在尝试借用电影的一些方法来帮助设计。设置我们希望传递的情感，设计让情感起伏变化的路径，布置能激发这些情感的场景。

然而，当建筑建成后，真实的故事却因为每一个来这里的主角不同而更加丰富多彩。

在 WHY 酒店，我们希望创造一个世外桃源。在货车飞速经过的大路旁，有一片树林，树林中隐约可见有小小的房子错落漂浮在树梢。走近是一片竹林，在竹林中穿行，抬头看到竹叶后有房子的一边一角时隐时现，每次见到的又形体各异。沿着弯曲的小径，几经转折，忽然豁然开朗，一片汤池，水雾缭绕。沿着小径走回竹林，又转几道弯，入院门，见到灰墙灰瓦间，竹荫斑驳。

WHY 酒店刚建成，北京就迎来那一年的第一场雪。在房子间行走，人与建筑产生了各种互动关系，每个人都能发现让自己感动的那个场景，而这些各不相同的场景，并不是我们在设计过程中一一设定的。

在这里，空间只有和人互动时才产生因人而异的效果。就像中国传统园林给人的感受，一步一景，人、建筑、景致相融共生。

在雪中，我站在热腾腾的温泉池旁，看着白色的雪花从灰色的天空飘落，占据了竹林的每个空隙，和正向上奔跑的水雾擦身而过。我想，此时此刻，我属于这里。

改造部分设计了整面落地窗，采用电控玻璃，通过床头的按钮，人可以控制玻璃的通透，选择自己和外界的关系，引景入室或私密围合。

云停
（2016年）

在凝视中回归自然

北京一个秋高气爽、阳光明媚的中午，我在路边一处室外平台吃午饭。路上很安静，没有什么车，也没有什么人。这样安静又开阔的路在北京三环里还是不容易见到的，也许是因为在使馆区的原因，路边绿树成行，枝繁叶茂。我坐在那里开始凝视头上的绿叶。每一片叶子在风中上下晃动。阳光下，绿色闪闪发光。我很喜欢这样静静地看着绿树。

记得小学的时候，有个春天的上午，我坐在教室里向外看，一树嫩叶，遮住半边窗。我凝视那透明得似乎要滴水的一片片新出生的嫩绿，忽然有一种说不出来的感动。那一刻的感动，一直伴随着我，至今如在昨天。

有一次在纽约度假的时候，故意放松自己，在一个下午，半倚在花园里的躺椅上，我拿着《空间的诗学》看了一会，沉浸在巴什拉创造的诗意中。头顶是一颗高大繁密的大树，风轻轻吹着，树叶花花地响。我放下书，仰头呆望。渐渐的，我似乎离这树冠越来越近；渐渐的，似乎这些闪闪发光、欢欣雀跃的叶子就在我的身边。那是一个很美妙的时刻，距离被忽视了，空间被改变了，而我，越过这段空间，进入了另一端，成为了树叶中的一员。随后，我看到了更远方的云朵，看着它们奔跑着的半透明的身体，想象我进入它们身体里的空间，随后，我就睡着了。

这种因为凝视而产生的距离幻想似梦非梦。

一次我去蹦极，蹦极的地方是在一个峡谷中，从河的一侧的山崖壁上搭建出一个长长窄窄的、悬挑到峡谷正中的铁架桥。每一个蹦极的人在上桥的时候由工作人员帮助戴上护具和绳索，然后需要自己一个人走到桥另一端的跳板处，自己跳下去。我在一步步走向桥尽端的时候，感觉到周围所有离我曾经很近的人和物，都在一点点地远去。所有的声音在我身后渐渐逝去。剩下的只有高高的蓝天，远处的绿色山峡和正下方七八十米远的河水。站在跳板的那几秒钟，我凝视山峡和碧水，水面倒映着群山在蓝天中的剪影，水波涟涟。忽然，这一切，水、山、水里的天空，似乎飞奔一般贴向我的脸。我似乎将要冲进它们的身体。那一刻后，我纵身跳入这片在我的意识中已经不存在的，广阔的空间里。在这之后，偶尔和人谈及此次貌似冒险的活动，或拿起当时照片的时候，大家能看得到的或关注的，都是跳的刺激。而对我来说，真正给我留下最深刻印象的，却是那一刻我忽然融入自然的幻觉。

塑造无形

2016 年 751 国际设计节参展作品之一的蘑菇亭改造项目——"云停"是围绕 751 原有的蘑菇亭而加建的一个公共艺术空间。

我经常来 751，这里的环境有工业时代大尺度、与我们日常生活脱离的戏剧性效果，也因此吸引了很多人前来观看。每一次在这里走，特别是阳光明媚的时候，会强烈地感受到自我与周围环境的距离感。有时候会很希望有一个荫凉的地方可以坐下来休息一下。

蘑菇亭虽然很小，但它却具有这片工业景观里非常典型的工业时代建筑的特征———种非常强势的表达，给人带来一种压迫感。它很厚重，像一尊雕塑，年代久远而变得斑驳甚至充满裂痕。

"亭"在中国历史上是一种重要的建筑形式。明代《园冶》里写到，"亭"是停留的意思，能让人聚集、停留。而这个蘑菇亭不具有这个功能，它被几层台地高高抬起，并没有设置任何座位。[14]

我希望在这里能创造一种环境，让人可以在这停留，让人有安静、被庇护的感觉。我们选择不对原构筑物做改动，围绕着它做一个轻柔、温软的亭子。我希望这个加建的亭子给人的感觉是没有

改造前 Before

改造后 After

形状，可以溶于任何一个东西，任何一个环境。它是一个消失自我的构筑物，提供给人的是可以安静的休息、停留的地方。

最后我们选了"云"的形式作为切入点，取名"云停"。云是大自然的现象，就像我们从远古时代就会在大树下遮荫。这些都是大自然给我们的一种庇护。云同时也是没有自己固定的形状。

云停的形式看起来非常随意，好像信手拈来。但其实它的造型过程完全是根据周边各种条件而产生的，用一种谦虚退让的姿态与周边环境紧密融合在一起的。为了更好地营造在云端的感觉，"云停"的主龙骨里放入了喷雾系统，在座椅下方加入了灯光系统。在夏天，水雾不仅可以为歇脚的人降温，细小的水分子与阳光、空气接触，还会有朦胧氤氲的效果，让人有置身云端的感受。

云停的地面上设计了大小不一的不锈钢钢片，看似随意的洒落。钢片折射出的斑驳光点，让人恍惚进入了另一种维度空间。身在"云停"中，人、亭子与自然每时每刻都在发生着微妙关系。

大象无形。设计从一种感觉开始，追求一种意境。在这个项目里，我们尝试塑造无形。

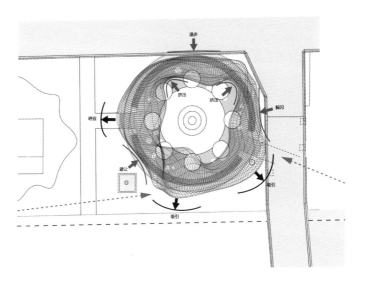

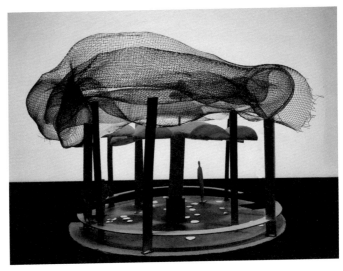

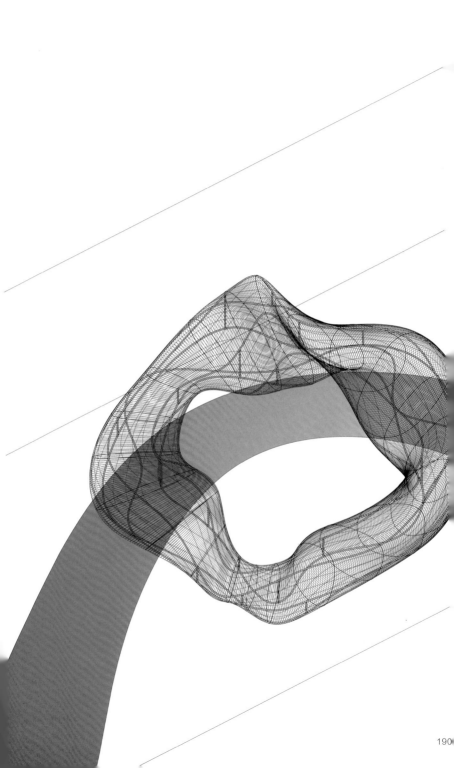

停与亭中

"云停"用现代的材料和技术，围绕历史的遗迹，借阳光、风、水呈现云遮雾涌、自如舒卷、影移形动的瞬息变化。

云影与树荫还原了远古以来大自然对人类的庇护，让在旅途中的陌生人能自然而然地相聚。过去、现在和未来交织与重叠，营造出物质之上、触动心灵的意境。

"何意百炼刚，化为绕指柔。"以钢造云，虚无柔美的姿态却是以最坚硬的材料磨炼而成。看似信手拈来的一片云，却随云生霭。心中的浮躁、世俗的纤尘在云停雾起中消散。

我们所追求的正是这个从古至今"亭"的本意。

小溪家
（2017年）

失恋中的爱与愁

人本来是自然的一部分。在努力征服自然的进化过程中，人一步步将自己从自然中隔离出来。而这种隔离也给人带来了精神和身体上的各种问题。

然而，建筑并不应该是让人从自然中隔离的工具。恰恰相反，好的建筑可以为人提供更好的方式来回归自然。

要做到这一点，建筑设计仅仅是关注建筑本身是不够的。因为建筑不是个独立体，建筑设计应该从理解和感受建筑周边的大环境开始。关注环境和未来使用者之间通过建筑可能产生的各种关系。

在过去的几年里，因为工作的原因，我去过一些美丽的老村落。有一个村子，给我留下了"记忆的灼痛"（借用法国哲学家、艺术史学家乔治·迪迪－于贝尔曼／Georges Didi-Huberman 策划的展览的名字）。

那是一座有几百年历史的苗寨。我第一次见到它的照片的时候，就被它吸引。在惊叹它的美丽的同时，它的遭遇更让我心生爱怜。身处在美丽的山谷底，很多木结构的老房子就着地势，随意又自然地组成了小村子。山谷里平坦的基地很少，可耕种的农田很有限。在我遇见它的两年前，这里才通了一条可以开车进去的道路。因为交通不便，村里的人生活困难。

第一次进村的时候，我在半山腰就下了车。路边有一条小路，沿着台阶下山就直接进入了分布最密集的一片老房子里。下山的时候看到一缕缕炊烟从一层层灰黑色的瓦面屋顶之间升起。路边的孩子们带着羞涩的微笑相互拉拉扯扯地把旁边的人推到自己身前，自己却又不忍离去。满脸皱纹的老奶奶，身穿着微微磨毛褪色却依然艳丽的民族服装，笑着向我们打招呼。在她们身后，迎面的阳光在白烟中产生出晃动的炫光。

很多年前，这里的祖辈可能因为躲避战乱或迫害来到这个山谷里，寻求自然的庇护。他们世世代代生活在这里，和自然和谐共生。然而，同样因为交通不便，环境又限制了这里的发展，造成了这里生活的贫困。在今天，我们需要用什么样的方式去建立新的平衡呢？

我相信村子的发展应该基于自身独特的自然环境，而不是被简单粗暴地"标准化"。为了让这个村子在脱贫的道路上能留住它最珍贵最朴实的美丽，我和我的团队、我的学生们一起做了很多工作。可惜后来因为种种原因都没有实现。

我们曾经为一座海边的房子做过改造的设计。

我经过了反复考虑，摒弃了海边别墅常见的到处都是落地玻璃窗的设计。我为房子设计了一系列可以在不同的行为过程中窥探到海的窗子。有的很小，只有在楼梯走动时某几个时刻可以忽然看到海，有的则在房间某个角落坐下的时候才能看到海。而整座建筑里只有一个地方有落地的大玻璃窗可以无遮挡地观海，那是一个特殊的空间，有一个下沉区域，设置了一个供全家一起面向大海半坐半躺的地方。

海就在建筑外面，我们走出建筑就可以一览无余地看到海，感受到海的震撼。我们为什么还要在海边别墅里看到海？我们设计这样一个充满仪式感的空间，是希望把"看海"由一种物质上的占有变成了精神上的仪式。我希望在此住过的家庭以后每次看到大海都能想到家庭团聚的美好时光。

当然，这种"非常规"做法并没有得到业主认可。

手稿
Manuscript

天地之间的自然

小溪家是一个老房子改造成民宿的项目。整个过程作为一个电视节目《漂亮的房子》的背景，被记录并受到很多人的关注。

在项目选址的时候，我和制作组走访了几个不同的村落。去往小溪村的路非常曲折，也并不平坦。辗转在黄昏时间，我坐着县里唯一能开进山里的一辆负责安装和维修的皮卡涉水开进了村子。踏上小溪村土地的那一刻，我就被这里的环境深深感动。四面环山的这个山谷里，云雾缭绕，耳边传来欢腾雀跃的溪水发出的哗哗的声音。从路边绿油油的白茶园旁走出几只刚出生不久的小羊，好奇地向我咩咩地叫着。村子里房子不多，都是砖木混合的老房子，沿着村子唯一的一条大路，松松散散地分布。大多数房屋已经被废弃，有些已经因为长期无人居住而变得摇摇欲坠。自然而然的状态，美丽又带着忧伤。

我选择了村子里小溪崖边一栋破旧的老房子和它旁边的两个羊圈，作为改造的目标。老房子改造为一座两层的主房。羊圈的位置分别建一个茶室

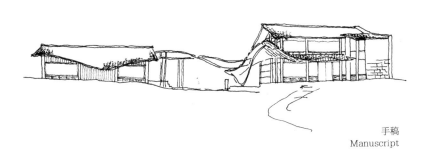

手稿
Manuscript

和一层的客舍。主房和客舍之间是连廊和园林。改造后的这组房子成为这个村子里的第一间民宿。我希望它能像种下的一颗种子一样，渐渐可以带动整个村子的发展。

因为节目录制的需求，项目从设计到施工时间都非常紧张。整个过程中持续需要进行各种设计决策，我都需要在最短时间内做出最快速的反应。环境给予我的感动主导了这近乎用直觉完成的设计过程。

走近房子需要通过一条弯曲的碎石路，先看到老房子最东侧的老砖墙。随着转弯，才能见到房屋的门。这也是当地房屋设计的一个传统：不能直接见到家门。老房子这面双层高的砖墙，由不同时期的砖混搭而成，上面长满了植被。与木结构不同，这面砖墙如果拆掉，原有的生命痕迹就无法留下了。所以我们决定完整地保留它。为此，整座房子的层高和形式都需要和原来的房子完全一致。这也对我们的设计师团队提出一个非常高的要求：大家需要舍弃主动塑形的欲望，达到让设计遵从环境自然而生的忘我状态。

老房子一层面向溪边小庭院的挑檐，原结构是非常有趣的曲线斗栱。因为木结构具有柔性特性，时间久了檐口形成自然的弧线。两个羊圈都是用最简易的方式搭建的，看起来非常漫不经心。房子虽然简陋，但低矮谦逊的屋檐、连绵的远山、山间不停变幻的云雾，以及路边的白茶园共同组成了一种和谐一体的画面，如同一切都是自然天成。我们就决定让改造和新建的房子延续这种感觉，不去做任何刻意的变形。

房屋采取了传统的榫卯结构与木质围护。使用的大多数材料都是从周边地区回收取材的。当地的老房子有很多有趣的窗和门的设计。比如门窗的隔栅有机关，下面的双层隔板可以拉出来遮光挡风。我们保留了这些独特的设计，并采用了很多回收的老门窗。

当地常年潮湿闷热。正如人的眼睛与鼻子因为不同的功能会有不同的构造一样，我们设计了不同种窗子分别适应通风和采光的功能。在用于采光和观景用的通透的玻璃窗下面，设计了"会呼吸的窗"。这条负责通风的窗带上设置了纱窗和木隔栅。利用当地季节性风向变化，夏季溪边吹来的凉爽的风从这里进来，然后热空气从二层屋面的自动天窗及分布的几个排风扇排出，加强对流，从而达到降温除湿的效果。

+4.48

±0.0

有情感的地方才能是家

木头是一种非常美妙的东西，它带着生命的力量。树木有自己特殊的地域性，它们植根的土地也是它们生长的土地。当树木成为木材的时候，木材也会延续着它的地区属性。

我希望我们改造后的小溪家是一个有生命的房子，可以和谐地融合在这个已有的环境里，并能呼应自然和人的亲密关系。它就像一棵树一样，植根于这片土地，在生长的每一刻都是属于这个环境的独一无二的部分。

小溪家采用的结构材料是回收来的老木料。这些老木料来自于当地不同的老房子，在小溪家重新组合成新的房子。在组合的过程中，有些尺寸可能有变化，不同来源的木料就会在这里做出不同的组合。比如，一根柱子高度不够，会和另一块木材衔接。这也是传统木结构常见又特别的做法。仔细去看，会发现每块老木料都带着完成过去使命时留下的痕迹。每块木料都带着前世的故事，在小溪家，开始今生。

房子建造的过程中很多部分是由本地的村民和附近的手艺人做的。原来老房子和羊圈的主人沈老

改造前 before
改造后 after

也是其中的成员。他讲述了这个地方的过去，每个部件背后都有着他的记忆。老房子入户门比前面的道路要低，人需要下几步石头台阶，低下头，才能进屋。老人说这几步石台阶是祖宗建的，一直在那里。也因此，我们完好地保留了它们，让这个回家的路继续沿承。

回收的材料各不一样，很多地方都不可能符合建筑设计图纸里的尺寸和形状。因此，我和设计师们需要根据实际情况随时调整设计，因地制宜。同时，当地的工人也需要根据每个材料的特征，凭经验斟酌、手工加工。这样的过程，使房屋的每个细节都带着人的温度。

来小溪家的人说感觉这座建筑似乎在对他们讲着故事。有些人感到归隐的安静，有些人感受到了温暖，也有些人感到了忧伤，还有人说有一种像失恋的感觉。虽然每个人的感受都不一样，却在建筑空间里找到属于自己的感动。摄影师金伟琦说他被小溪家带给人的那种归属感深深感动。有一次在早上4点，小金去小溪家拍照片，发现沈老正守护在入口客厅。老人说他怕人把这么好的房子弄脏了。这件事情也感动了我，有情感的地方才能是家。"小溪家"，希望它能一直给人"家"的温情。

远山一起一伏因有势，曲檐或高或低为有情。

作为设计师，我们只有先感受到了情感，才能设计出有情感的房子。

室内外地面一系列微妙的材质变化，引导流线的同时也暗示环境的变化。进入屋子可以看到压光水泥地面上镶嵌着几根曲线铜质飘带，分别从门口引导向右侧的厨房和茶室，正面的内向庭院，还有左侧的双层客厅。

在当地习俗中炉灶是一个家的心脏，我们保留了原来炉灶的位置，用传统做法重新修建。同时，在核心岛的另一侧置入了现代化的灶台、抽烟机、烤箱等厨房设备。厨房右侧是茶室。厨房和茶室之间，我们采用了当地特殊的窗户设计，既可以关上成为墙板，又可以打开成为操作台面。

远山一起一伏皆有势
曲桥或高或低终有情

丁酉年冬月 趣游

古道流水人家
芳草小桥鸟语
　　　　净戏

Thank you for this journey
of self discovery!
赵一翟 2017

214

山水奇相逢

ELEVATION WORKSHOP
WE architects 建筑设计

不刷店充感的设计最能求行我问。
谢谢邻娜！

远山一起一伏因有势，曲檐或高或低为有情。

————魏娜

青苔古道，小桥流水人家，留恋人情。

————潘宥诚

Thank you for this journey of self discovery!
（感谢你带给我的这段自我发现之旅）

————吴彦祖

RAIN AND TEARS（雨水和泪水）①

————冯德伦

山水有相逢

————伊一

不刷存在感的设计最能永存我心，谢谢娜娜！

————唐艺昕

照片从左到右：伊一、冯德伦、吴彦祖、魏娜、唐艺昕、潘宥诚、黄仁德

① 《Rain and Tears》是希腊乐队 Aphrodite's Child 演唱的一首歌曲的歌名。这首歌是希腊乐队 Aphrodite's Child 从德国著名作曲家帕海贝尔的作品 Canon（卡农）改编而成

[1] [美]加斯东·巴什拉著. 空间的诗学 [M]. 张逸婧译. 上海：上海译文出版社，2013：235.

[2] [英] Churchill and the Commons Chamber, www.parliament. uk, https://www.parliament.uk/about/living-heritage/ building/palace/architecture/palacestructure/churchill/.

[3] [美]杰里米·里夫金著. 同理心文明 [M]. 蒋宗强译. 北京：中信出版社，2015：26.

[4] [美]唐纳德·A·诺曼著. 设计心理学 3:情感化设计 [M]. 何笑梅，欧秋杏译. 北京：中信出版社，2015：155-190.

[5] 胡平生，陈美兰译注. 礼记，孝经 [M]. 北京：中华书局，2016：132.

[6] 方勇译注. 墨子 [M]. 北京：中华书局，2018：329-330.

[7] 童明，董豫赣，葛明编. 园林与建筑 [M]. 北京：中国水利水电出版社，知识产权出版社，2009：9.

[8] 韩林德. 境生象外:华夏审美学与艺术特征考察 [M]. 北京:生活·读书·新知 三联书店，1995：175-177.

[9] [美]加斯东·巴什拉著. 空间的诗学 [M]. 张逸婧译. 上海：上海译文出版社，2013：266.

[10] [俄]斯坦尼斯拉夫斯基著. 演员自我修养 [M]. 刘杰译. 武汉：华中科技大学出版社，2015：102-115.

[11] [美]杰里米·里夫金著. 同理心文明 [M]. 蒋宗强译. 北京：中信出版社，2015：59.

[12] William M. Reddy. The navigation of feeling - A Framework for The History of Emotions[M]. Cambridge UK: Cambridge University Press,2001:10.

[13] [日]铃木大拙著. 禅学入门 [M]. 林宏涛译. 海南：海南出版社，2012：8.

[14] 饶尚宽译注. 老子 [M]. 北京：中华书局，2010：2.

[15] 计成著，陈植注释. 园冶注释 [M]. 北京：中国建筑工业出版社，2006：76.

图书在版编目（CIP）数据

弥漫空间/魏娜著. —北京：中国建筑工业出版社, 2019.5（2020.9 重印）
ISBN 978-7-112-23497-4

Ⅰ.①弥⋯ Ⅱ.①魏⋯ Ⅲ.①建筑科学－研究 Ⅳ.①TU

中国版本图书馆CIP数据核字（2019）第050679号

责任编辑／李 鸽 陈海娇 刘 川
书籍设计／付金红
责任校对／赵 颖

建筑师·人物
The Architect

弥漫空间
魏娜 著

*
中国建筑工业出版社出版、发行（北京海淀三里河路9号）
各地新华书店、建筑书店经销
北京雅盈中佳图文设计公司制版
北京雅昌艺术印刷有限公司印刷
*
开本：850×1168毫米 1/32 印张：7¾ 插页：4 字数：150千字
2019年6月第一版 2020年9月第二次印刷
定价：69.00元
ISBN 978-7-112-23497-4
　　　　（33276）